リノベーションの新潮流

松永安光　漆原 弘

レガシー
レジェンド
ストーリー

学芸出版社

はしがき

二〇世紀末以降世界中で、急速にさまざまな分野で従来の価値観が変革を余儀なくされ、まちづくりの方法論もまた劇的な変化を遂げつつある。この状況に危機感を抱いた私は鹿児島大学に一九九七年赴任して、国の科学研究費や地元財団法人の補助のもと一〇年間世界を回りつつ調査を続け、その成果を『まちづくりの新潮流』と『地域づくりの新潮流』という二冊の書物にまとめて発表した。これらは幸い好評で、版を重ねつつ中国や韓国においても翻訳され、教科書としても使われている。その後、大学を定年退職してからは、幅広い人材に呼びかけて建築・まちづくり・不動産を総合的に研究するグループとして、二〇一〇年に一般社団法人ＨＥＡＤ研究会という組織を立ち上げ、活動を続けてきた。この研究会は、タスクフォースという分科会に分かれて研究者・実務者・学生たちがテーマを定めて活発に議論をたたかわせ、公開シンポジウムやセミナーを開催してきた。法人会員にはわが国を代表する大企業から意欲的な中小企業までが名を連ね、次の時代のビジネスのあり方も議論している。一方行政機関とも密接な意見交換を行い広く社会に貢献してきた。とりわけ活発な活動を見せているのが、社会に積み上がった膨大な社会ストックの活用を目指すリノベーション・タスクフォースで、この活動のなかからリノベーションにより疲弊する地域を再生する手法をシャレット方式で学べるリノベーション・スクールがスピンアウトして、全国から招請が絶えない状況になっている。

そのような活動のなかで、ＨＥＡＤ研究会では、二〇一三年春にリノベーション・タスクフォースと不動産管理タスクフォースの発案で、ストック活用の先進国であるドイツとオランダをリノベーション視察先と定めてツアーを行い、帰国後その成果の発表セミナーを公開で開催したところ、大きな反響呼ぶことになった。このツアーには、関連する分野の研究・実務のエキスパートに学生を交えて二〇名以上の多彩なメンバーが参加し、現地で活躍されている方々の協力もあって、多大な成果を上げることができたのである。本書はそのことを知った学芸出版社の前田裕資氏の呼びかけによりまとめられたものである。私自身はすでに述べたとおり世界各地の調査を長年行ってきたのであるが、本書にはできるだけ最新の情報を盛り込みたく、多くの都市を二〇一四年中に再訪し、現地在住の人々とともに調査してきた。そのなかでイギリス在住の建築家漆原弘氏は、私の主宰する設計事務所出身であるが、その後イギリスのヨーク大学に留学し、まちづくりの権威イアン・コフーン教授の指導のもとで博士号を獲得している。とりわけ公営住宅などのコンバージョンに詳しく、私の研究室の博士課程の学生にもアドバイスをもらってきたので共著者になってもらった。

リノベーションは小さな住宅改装からまちづくりにまでつながる広範な分野に適用される用語であるが、本書は基本的にまちづくりスケールのリノベーションを扱い、対象は類書との重複を避けて海外に限定した。

本書は前掲二書と同様、リノベーションの最新例を見て歩く旅のガイドブックになることを意図しているので、ぜひリノベーション街歩きの参考に供していただきたい。また、巻末に参照できるホームページのアドレスをできるだけ所収したので、出かける際は最新情報を確認してほしい。

松永安光

目　次★リノベーションの新潮流

はしがき　3

序章　リノベーションのまちづくり　11

0・1　近代都市理論と近代建築様式　11
0・2　近代主義の破綻と修正　14
0・3　リノベーション・リジェネレーション・コンバージョン　17
0・4　破綻都市の再生と救済　19
0・5　歴史都市の保存と再生　21

1章　アメリカの動きⅠ——ニューヨーク　23

1・1　鎮魂から再生へ——ワールド・トレード・センター　25
1・2　廃線公園で奇跡の化学変化——ハイライン　29

1・3　対照的な二つのターミナル――ミッドタウン　34
1・4　マンハッタンの港町――サウス・ストリート・シーポート　39
1・5　負のイメージ大逆転――ウィリアムズバーグ　42
1・6　高級住宅地のブランドを守るＢＩＤ――ブルックリン・ハイツ　47

2章　アメリカの動きII――ウエストコースト　51

2・1　ノース・ウエスト・キュイジーンのメッカ――パイク・マーケット・プレイス　53（シアトル）
2・2　全米一住みたいまち――パール・ディストリクト　60（ポートランド）
2・3　元祖リノベーション――フィッシャーマンズ・ワーフ　65（サンフランシスコ）
2・4　港のグルメ街――フェリー・ビルディング・マーケット・プレイス　69（サンフランシスコ）
2・5　住宅地のリノベーション――バークレイのグルメ街　72（サンフランシスコ）

3章　イギリスの動き　77

3・1　ユーロスター直結の巨大複合駅――キングス・クロス／セント・パンクラス　79（ロンドン）
3・2　ヨーロッパがターゲット――キングス・クロス・プロジェクト　83（ロンドン）
3・3　サッカー場を高級コンドミニアムへ――アーセナル・スタジアム　86（ロンドン）

3・4　新しいビジネスの胎動――ホクストン・スクエア　89　〈ロンドン〉
3・5　デザイン主導の再開発――キャッスル・フィールドとニュー・イズリントン　93　〈マンチェスター〉
3・6　瀕死のまちを救うリノベーション団地――パークヒル住宅団地開発　97　〈シェフィールド〉
3・7　戦後集合住宅団地再生の新しい流れ――オルトン住宅団地開発　101　〈ロンドン〉

4章　パリの動き　105

4・1　高層市営住宅のリノベーション――トゥール・ボワ・ル・プレートル　107
4・2　オーダー・メイドの街づくり――モンマルトルなど　111
4・3　巨大葬儀場をアートセンターへ――104　115
4・4　パリ最大の環境共生プロジェクト――アル・パジョル　120
4・5　パリの新名所――キャロー・デュ・タンプルとグルメ街　123
4・6　鉄道遺構の活用――プティット・サンチュールとヴィアデュック・デ・ザール　127

5章　ドイツの動き　131

5・1　世界遺産の集合住宅――ベルリン・ジートルンク　132　〈ベルリン〉
5・2　連帯のこころざし――ライプチッヒ　137　〈ライプチッヒ〉

6章　オランダの動き　143
6・1　大使館としてのホテル――ロイドホテル　144　（アムステルダム）
6・2　アーティストを「大使」に――元チューインガム工場複合施設　148　（アムステルダム）
6・3　伝説のクラブ――トロウ　151　（アムステルダム）
6・4　埠頭のリノベーション――ロイドクォーター　155　（ロッテルダム）
6・5　世界遺産のデザインファクトリー――ファン・ネレ工場とユストゥス団地　158　（ロッテルダム）
6・6　都市としての大学――デルフト工科大学BKシティ　162　（デルフト）
6・7　タバコ工場からインキュベーションセンターへ――カブファブ　166　（ハーグ）

7章　バルセロナの動き　169
7・1　バルセロナモデル発祥の地――ラバル地区　171
7・2　カタロニアの心――ボルン・カルチャー・センター　174
7・3　産業衰退地区の再生――ポブレノウ地区　178
7・4　伝統と革新――バルセロナ郊外　183

8章　アジアの動き——上海・杭州・北京・バンコク　187
8・1　郷土の価値の再発見——周庄　189　（上海）
8・2　庶民のまちをアートスペースに——田子坊　192　（上海）
8・3　国家発祥の聖地——新天地　195　（上海）
8・4　紡績工場跡をアートスペースに——M50　197　（上海）
8・5　まちづくりの廃材利用でプリツカー賞——杭州中国美術学院　200　（杭州）
8・6　軍需工場をアートのメッカへ——798芸術区　204　（北京）
8・7　バンコクのニューウエーブ——ラチャダムヌン現代アートセンターなど　208　（バンコク）
終章　レガシー・レジェンド・ストーリー　213
あとがき　218
参考図書・ホームページ情報（巻末）

グーグルマップの使い方

本書に掲載されている多くの事例を、読者によりリアルに感じていただくことができるように、グーグルの「マイマップ」を作ってみました。

下記URLのページから、各地域のグーグルマップ（カバー折返し参照）に飛べます。加えて、掲載事例についてのウェブサイトや、掲載されている写真とほぼ同じ位置のストリートビューを見られるものもあります。

PC、スマートフォン、タブレットなどの端末を片手に本書を読み、日本にいながらにして海外のリノベーションまち歩きをしてみるのはいかがでしょうか。

http://www.gakugei-pub.jp/gakugeiclub/renovamap/
公開 ▷ 2015 年 4 月～ 2017 年 5 月（予定）

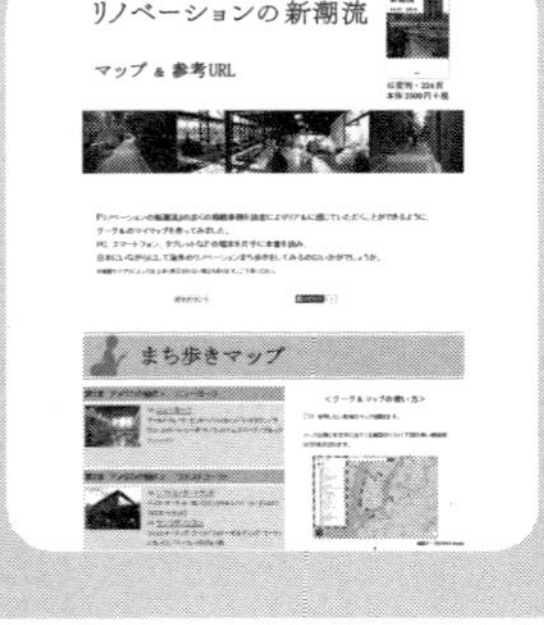

序章　リノベーションのまちづくり

本章では、リノベーションというコンセプトの歴史的位置づけを明らかにすることにより、それとまちづくりとの関係性について考察を加え、そのあとに続く諸地域の事例を扱う各論に対して共通の問題意識を明らかにしている。

0・1　近代都市理論と近代建築様式

人類はその長い歴史を通じてさまざまな災厄に遭遇してきた。火山噴火、地震と津波、冷害や干ばつと洪水などの自然災害のほかに、交通手段の発展にともなって世界的規模で蔓延するようになった天然痘、ペスト、スペイン風邪などの伝染病などはたびたび人類を襲い、時には文明を滅亡させる原因ともなってきた。しかし、人間自身が引き起こした最大の災厄は二〇世紀の二つの世界大戦であっただろう。文明の発展により得られた軍用機、戦艦、大量破壊兵器などにより、これまでの戦争では考えられないほど多数の一般人犠牲者を生みだし、都市は破壊しつくされた。

一方で、世界の人口はこのような災厄にも関わらず、医療の進展や教育水準の上昇、食糧生産技術の進歩などにより、二〇世紀の間に世紀の変わり目には一六億だった人口が四倍強に膨張し、その人々のための住居や、その生活を支える工場、事務所などを含めた建築物の件数も増え続けたのである。とりわけ第二次大戦で破壊しつくされたヨーロッパやわが国の大都市では、戦後手放すことになった海外植民地からの引揚者の受け入れや農村部の過剰人口の流入にともない極端な住宅不足が生じ、それへの対応が、各国の重大問題とされた。また旧植民地の現地人たちも旧国民として移民することが許されていたので、多くのアフリカ系やアジア系、あるいはアラブ系の人々が旧宗主国に流入して、各地で文化の違いによる軋轢を生みだすにいたった。また、人口増にともなって、衣食住の需要が高まり、それを供給する生産・製造・輸送・管理・運営などの施設の需要が急速に増加して、世界全体に都市化の波が押し寄せることになった。

しかし、二〇世紀も後半に入ると各種の技術革新と農業技術の進化、あるいは物流システムや産業構造の変化によって、大量の余剰労働力が発生し、失業率の高止まりと労働賃金の低下がとくに先進諸国に見られるようになり、格差の拡大とそれに起因する犯罪の多発により、社会の安全性が脅かされるようになった。世界中でセキュリティの確保こそがまちづくりの必須条件となっているのは、このためである。

まちづくりはこのような社会情勢の変転に対応して、その手法がさまざまに試行錯誤されてきた。産業革命の生まれた国イギリスでは、都市人口の急増に対応して無秩序に建てられる粗悪な集合住宅を規制する条例が一八七七年に制定されたものの、人口の流入はとどまらず、これに対する処方箋としてエベネザー・ハワードが一八九八年に提唱したのが田園都市構想であった。これは、野放図な都市のスプロール化を抑制するために、大都市周辺の田園地帯に適正な規模の自律的衛星都市を配置し、中心都市とは鉄道のネットワークによって結びつけるというスキームで、この思想は二〇世紀を通じて世界中でまちづくりの基本理念となって広がった(図1)。二〇世紀に入ると、建物の高層化によって周囲に空き地を作りだし、居住環境をよくするという思想が広まり、さらに、居住、生産、労働、余暇などの機能を明確に分離するべきだという主張も世界中で受け入れられてきた。このようなまちづくりの方法論をまとめて近代都市理論と呼ぶ。

近代都市理論は各国の法令や教育に反映され、二〇世紀の都市を形成していったのであるが、一方、二〇世紀も後半に入ると、さまざまな問題点が露呈するようになった。とりわけ第二次大戦以降に戦後の応急処置として大量に供給された集合住宅団地は、その粗悪な品質や、低機能性により空き家になったりして、相次いで取り壊される事態に陥った。また、かつては最新鋭を誇ったオフィスビル、ホテル、工場、駅舎、倉庫等無数の施設もまた加速度的に変化するプログラムに対応できず建て替えられることが増えてきた。そして、そのような老朽化した建造物が立ち並ぶ地区では、その地区全体を取り壊して新しいコンセプトでまちづくりをやり直す、いわゆる再開発事業が世界中で盛行することになった。とりわけ産業革命期の遺産が多かった国々ではいわゆるスクラップ・アンド・ビルド方式により、まずは更地にしてから高層ビルに建てなおす事業がいまなお推進されている。

近代都市理論の形成には多種多様な人々が関わっているが、なかでも

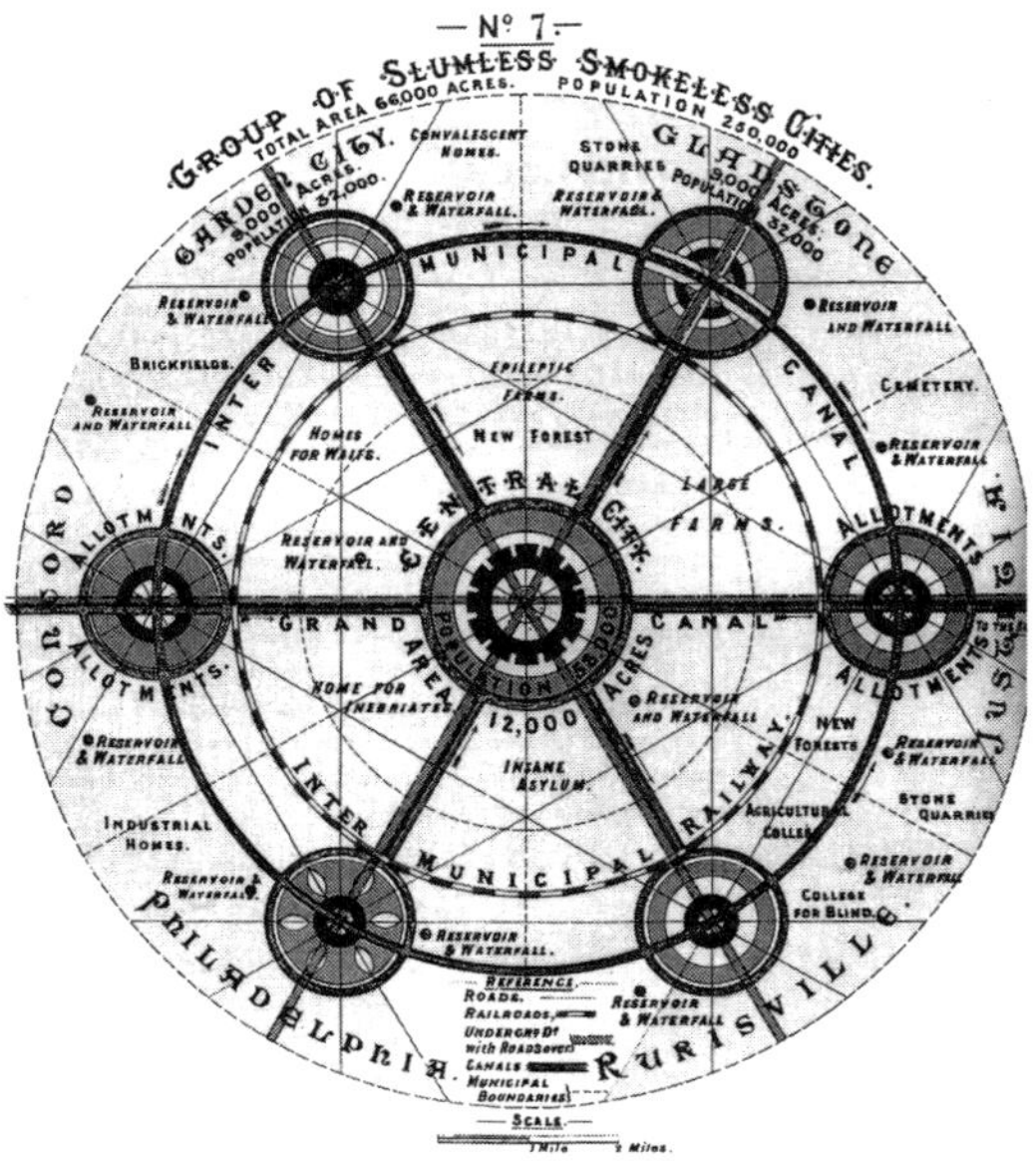

図1——エベネザー・ハワードが描いた田園都市のコンセプト図(1898年)
(出典:E. Howard, *To-morrow —— A Peaceful Path to Real Reform*, 1898)

中核的な役割を果たしたのが建築家ル・コルビジェ、ミース・ファン・デル・ローエ、ワルター・グロピウスなどが一九二八年に結成した国際建築家会議（CIAM）であった。彼らが提唱した新しい建築のスタイルは近代建築様式と呼ばれ、これもまた世界に拡散することになった。その特徴は、装飾の排除、機能重視、高層化と標準化であり、簡単に言えば窓の大きな四角い箱のようなスタイルである。むろんこの普及のバックには建築技術の目覚ましい革新があった。

長らく建築物は、木材、石材、レンガなどにより作られてきたが、一八世紀頃から鉄の利用が始まり、一九世紀に入ると鉄筋コンクリートが考案され、さらにエレベーターも普及するようになって高層化が進み現在にいたっている。また、多くの建築材料が工場で生産されるようになると、建築そのものの工場生産も進展し、とくに第二次世界大戦後の集合住宅の大量供給の手段として世界中に普及した。しかし近代建築様式の建物はその機能効率や経済性の面で建設側の高い評価を受ける一方、その画一性や冷たい印象がユーザーたる住民たちの反発を買い、バンダリズムの被害を受け、結局取り壊しをせざるを得ない事態を招く事例が後を絶たなかった。

0・2　近代主義の破綻と修正

一九八九年、世界で初めて蒸気機関車が走ったマンチェスターとリバプールのちょうど中間に位置するランコーンという町のニュータウンで一二年前完成したばかりの一五〇〇

図2〈次頁〉——ランコーン団地（設計：ジェームズ・スターリング：1967年）
（出典：James Stirling, *Rizzoli*, New York, 1984）

戸の団地が取り壊されることになった。設計は当時世界的な評価を受けていた建築家ジェームズ・スターリングで、高層集合住宅の欠陥を嫌った開発公社より低層高密度の計画を要求され、さらに近所にできるショッピング・センターの完成と時期を合わせるべく工期短縮のためプレファブ構法の採用も求められた。設計開始は一九六七年で、当時彼は各地でプレファブパネルを使った建物を建てて実績もあった。五階建てで、中間階に空中歩廊が走り各棟を結んでいた。スターリングは各所にさまざまな工夫を凝らして念入りな設計をして、一九七七年の完成後は高い評価を外国のメディアから受けた(図2、3)。しかし、イギリス国内の反応ははかばかしくなく、入居率は低いうえに、採用した集中暖房システムがオイルショックで高騰したコストに追随できないまま入居者の負担となり、危惧されたとおり空中歩廊での犯罪発生やドラッグ取引などが頻発するなか、バンダリズムも始まり改修をするには莫大な費用が掛かることが判明。ついに開発公社自体も解散することになってしまったのである。

このようないきさつを知っていれば、開発公社自身が作成したプログラムの失敗がこの大損失の一義的な責任者であることは歴然としているのではあるが、イギリス人が内在的に持っていた近代建築様式に対する反感によって、あたかも建築家が責任者であ

るがごとく喧伝されてしまったのである。結局、この団地の跡地には伝統的なスタイルの小規模な住棟が立ち並んでいるという。これは唯一の事例ではなく、マンチェスターのヒューム地区や、アメリカ・セントルイスのプルイット・アイゴー団地などの同様な悲劇について私は、他書*注で詳述している（図4）。

ところが二一世紀に入る頃から、それまでは古びて壊れそうになり長年放置され、取り壊しの運命にあると思われていた第二次大戦以前の建物の価値が見直されるようになり、これらの修復によりむしろその周辺の地域のエリア価値が高まるという認識が広まり、積極的にこれらを活用する動きが見られるようになった。いわば、都市開発の歴史回帰というような事例が世界各地で続出している。また、新しい建物による開発を行うにあたっても、何か過去の片鱗を残すという方法も盛んに採用されている。身近な事例としては東京駅の復元プロジェクトと八重洲口の新築ビル群の組み合わせ、あるいは高層化した中央郵便局の一部にオリジナルな外壁を残すなどを挙げることができる。

つまりは、歴史を否定し、常に進歩と革新を求めてきた「近代都市理論」や「近代建築様式」などの近代主義を修正し、歴史に目を向ける風潮がとりわけ前世紀末から全世界に広まっていった結果、それまで営々として集積されてきた過去の遺産を、活用すべきではないかという動きが生まれたのである。新築のものにしか価値がないとする風潮のもと、これまで世界一の新築住宅率を誇ってきたわが国でも、空き家数が八百万戸に達するにい

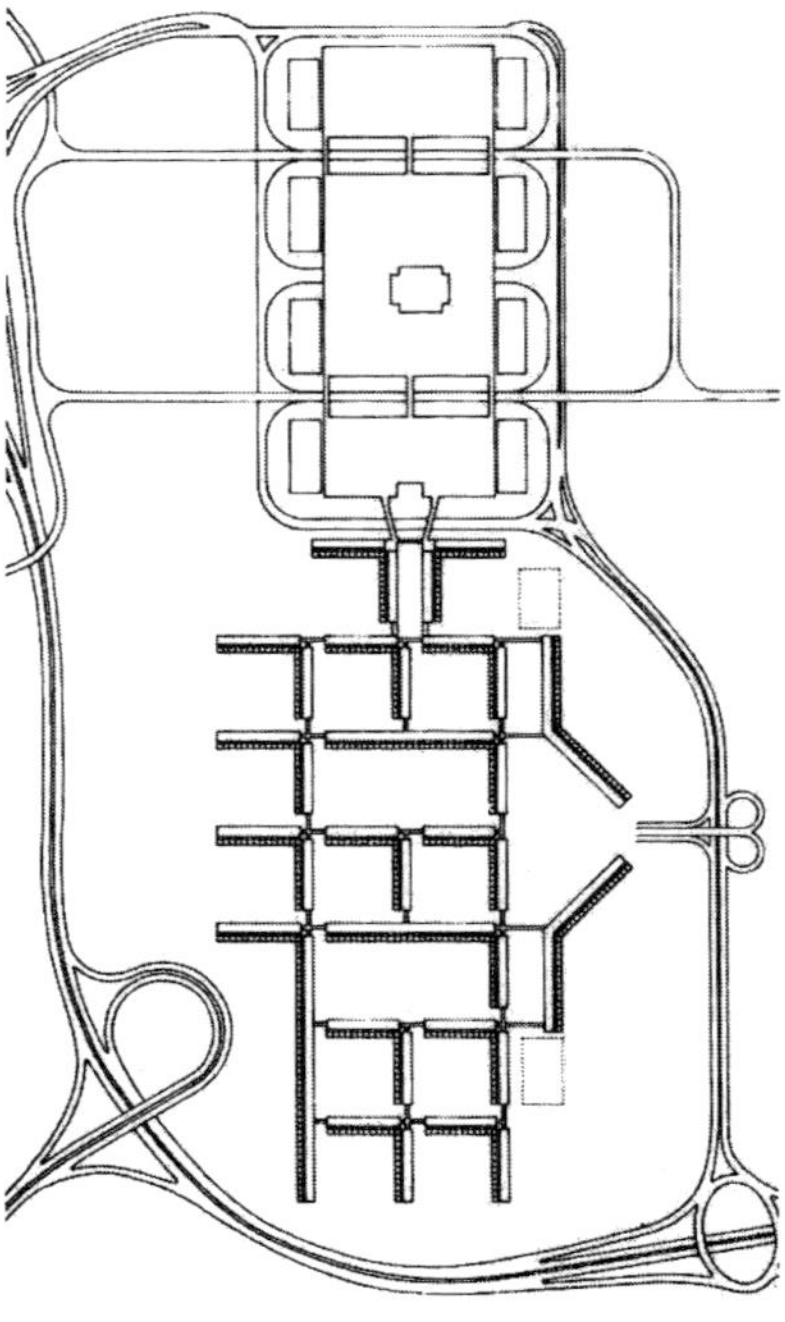

図3——ランコーン団地配置図（出典：James Stirling, *Rizzoli*, New York, 1984）

*注
・松永安光『まちづくりの新潮流』彰国社、二〇〇五年
・松永安光・徳田光弘『地域づくりの新潮流』彰国社、二〇〇七年

たって、ようやく欧米諸国のように既存ストックを活用すべきだという認識が広まり、政府もストックとなるような住宅を優遇し、既存のストックの活用に対しても助成する政策を取り入れるようになってきた。こうして、過去のストックを活用するビジネスが台頭して、今後その市場規模は六兆円を超えると見られている。また、これまで先進諸外国と比較して低調だった中古物件の流通も、規制緩和や金融制度の改革により、しだいに活況を帯びているのが現状である。

0・3 リノベーション・リジェネレーション・コンバージョン

既存ストックはその歴史、用途、状態などが多種多様でひとくくりにすることが困難であるが、その活用の仕方はある程度の分類が可能である。たとえばストック活用の先進国イギリスでは、古家に手を入れて使いやすくする程度の改装はリノベーションと呼ばれ、その規模が大きくなりある地域の広がりを持ってくると、これまではリデベロップメント（再開発）と呼ばれてきた。しかし、その目的が地域の社会的問題の改善に結びつくようになると、リジェネレーション（再生）と呼ばれることが多くなっている。また、歴史的建造物などが社会的背景の変動に従って、従来の用途が適切でなくなり、新しい用途に適合するよう修復することをコンバージョン（用途変更）と呼んでいる。これら三つのカテゴリーの境界は曖昧なもので、それぞれのなかでも規模の大小が雑多である。

建築物が物理的存在であるかぎりその維持管理は常に不可欠であり、その寿命が長けれ

図4——アメリカ・セントルイスのプルイット・アイゴー団地の取り壊しシーン
1954年にオープンしたが1972年に取り壊された。近代建築の失敗の象徴とされた。（出典：Charles Jencks, *Post-Modern Architecture*, Academy Edition, 1977）

ば当然使用者も代わっていくので、そのニーズに合わせて常にリノベーションが必要になってくる。事実イギリスの既存住宅の平均経年数は八〇年で、わが国の平均二七年に比べてはるかに長い。この間のリノベーションは当然頻度が高くなるわけである。また、店舗、オフィスなど業務用建築も一般にテナントの流動性が高く、常に何らかの形でリノベーションが行われている。病院、大学キャンパスや工場など大規模建築でも常にリノベーションが行われており、事例数は無数にあるが、本書では基本的に取り上げないつもりである。

一方、集合住宅団地のリノベーションはわが国でも最近行われるようになったが、欧米ではすでに述べたように物理的寿命が尽きていないにもかかわらず、社会的要因により取り壊される事例が多発した。多くの場合、これは人種問題に起因していて、わが国ではほとんど顕在化していない問題である。しかし今後社会階層化が進めば必ずしも楽観視できない。このような事態に対応してまちを再生するのがリジェネレーションであるが、その手法は多様である。むろん極端な事例では更地にして建て直すのであるが、最近では規模を小さくする減築や、内部のリノベーションを行って対応するなど、きめ細かな手法も取られるようになってきている。

また建物の物理的耐久性は構造材により異なるが、ローマやギリシャなどの遺跡が現存しているように、石材や、レンガの建物は適切なメンテナンスを行うことにより長い生命を保ち続ける。それとは対照的に、近代建築に使われるようになった鉄骨や鉄筋コンクリートの建物の寿命はそれほど長くない。とはいえ、これらの材料はたかだか二〇〇年ぐらい前に出現したものであるから、数千年前から使われてきた石やレンガと比較するのはフエアではない。一方意外に長寿なのは木造であり、世界一古い木造建築はわが国の法隆寺であり、千三百年以上前に建てられている。これはむろん、たえざるメンテナンスによって長い生命を保ってきたものである。いずれにせよ、過去の遺産でも物理的再生が可能であるならば、そこに新たな用途を持たせて利用するのがたんなる文化財保護以上に経済的メリットがあると判断されれば、用途変更つまりコンバージョンが行われる。有名なのはイスタンブールのランドマークになっているアヤソフィアで、これは元来東ローマ帝国の大聖堂として六世紀に建てられ建物が一五世紀にイスラム教のモスクとなり、二〇世紀に博物館となったものである。このようなコンバージョンの事例は無数であるが、本書では最近の事例にかぎって紹介していく。

0・*4*　破綻都市の再生と救済

歴史的に見ると多くの都市は栄枯盛衰を繰り返している。現存するなかでは最古ともいえるローマにしても繁栄をきわめた時代がある反面、蛮族の略奪により荒廃した時代もあり、常に順調な成長を遂げたわけではない。衰退した都市には多くの遺構が残されるが、後から侵入してくる勢力はそれを利用して自分たちの目的に合った建物を建設する。その時、元の建物で使われていた石材はすでに加工済みであるから、原産地から切り出してくるよりはるかに便利なため、たとえばコロシウムのように奇妙な形の遺跡が残されることになる。

現代においては、産業構造の急速な変化などにより一挙に都市が荒廃するケースが頻発するようになってきた。その極端な例が自動車産業のメッカであったのがウソのように財政破たんしてしまったデトロイトである。もとは短冊形に区画された農地が広がる町がそのグリッドを残したまま急速に市街化して、さらに高層化していったのであるが、高密化した中心市街地から住民が郊外に移住するようになり、移住できない貧困層が残された中心部は治安の悪化により荒廃が進んだ。それに拍車を掛けたのは自動車産業の斜陽化であり、市の財政が一挙に悪化してついに債務超過で破綻都市となってしまったのである。

このような現象はアメリカだけではなく、世界の都市の四分の一は人口が減少しており、縮小都市という概念が生まれている。都市は、成長するばかりではなく縮小することもあるということを、まちづくりの当事者は深く認識する必要があるのだ。というより、とくにわが国では総人口の減少が確実であり、都市のたたみ方を慎重にスタディすることが求められている。このような縮小する都市にあっては、過去の空間ストックが大量に残される。言い換えれば、残された人々にとっては使える空間がコストをかけずに確保できるのであるから、このような事態をネガティブに見るのではなく、よりポジティブに捉えることが得策である。事実、世界の各地でこのような空間ストックをうまく利用して新しい産業を興して町を再生している事例がたくさん生まれている。そのための手段がリノベーションであるのは自明のことと言えよう。そのリノベーションによってまちの救済をしよう、というのが本書のメッセージである。

0・5 歴史都市の保存と再生

世界遺産に指定されていなくても、重要な歴史遺産と認識された都市は、各地に無数にある。このような都市には人が住んでおり、日々の生活が営まれている。そのため、現代の生活様式と都市の構造が齟齬をきたし、肝心の歴史遺産としての価値が損なわれる事例が非常に多い。このため、世界各国では歴史的景観を含めこのような遺産を保護する手だてが取られるようになったが、すでに破壊が進み、保護もできなかった事例も多い。再生がなされても、ずさんな計画によってオリジナルの価値が継承されず、たんなるテーマパークと化している事例も非常に多い。また、世界的なツーリズムの隆盛により、住民の日常生活に支障をきたす事例も増えている。

たとえば世界遺産の都市が非常に多いイタリアでは、歴史遺産である中心部をチェントロ・ストリコと呼び保存再生する一方、郊外にまったく現代的な集合住宅団地を建設する事例が多数みられる。これはパリでも同じで、中心部では歴史的景観が保全されるよう慎重なリノベーションが行われているが、郊外にはバンリューと呼ばれる現代的な集合住宅団地群がかつての経済成長期に多数開発されており、そこに流入した移民たちがさまざまな社会問題を引き起こしている。このように歴史都市に後から流入する人々は、都市の底辺で都市生活を支えてきたのではあるが、景気の変動によって失業したり迫害されたりして、地域荒廃の原因となることが多い。またこのような荒廃地区のリジェネレーションは多くの場合ジェントリフィケーション（高級化）をともない、結果的に弱者をさらに追い詰める結果をもたらすとして非難される場合も多い。

中国は世界有数の歴史都市の多い国であり、多くの都市で盛んに修復作業が行われており、大学にはその専門家を育てるコースがあるところが多い。私が滞在した上海の同済大学や湖南省の湖南大学では、さまざまな地方の歴史都市の要望に応えて各地に人材を派遣していた。地方にある歴史都市は復元により多くの観光客を呼び寄せ活気を取り戻し、地元に雇用が生まれていることを聞き知るに及んで、競うように修復再生を依頼してくるのである。しかし、往々にしてずさんな基礎調査に基づいてまったく商業的なリノベーションがなされる例も多く、これを批判する人々も多い。

さらに同済大学は、アジア全域を対象としたユネスコの世界遺産専門家養成センターを招致し、活発に活動している。私が知り合ったここのスタッフ孔坪さんはデルフト工科大学のアレックス・ツォニス教授のもとで博士号をとったが、そのテーマは、日本の白川村と雲南省の麗江の世界遺産指定によるインパクトの比較検証であった。近代建築遺産の指定をしている国際機関のDOCOMOMOはオランダに本部があるが、インドネシアの近代建築遺産の指定に関してオランダ系の建築家の作品を偏重しているというような批判も聞かれ、このような歴史遺産の指定はオリンピックやワールドカップの招致のように経済的なメリットが大きいので、ある種の政治的課題となっている。

わが国の文化行政も、このような状況を視野に入れつつ推進すべきであろう。

1章　アメリカの動きⅠ—ニューヨーク

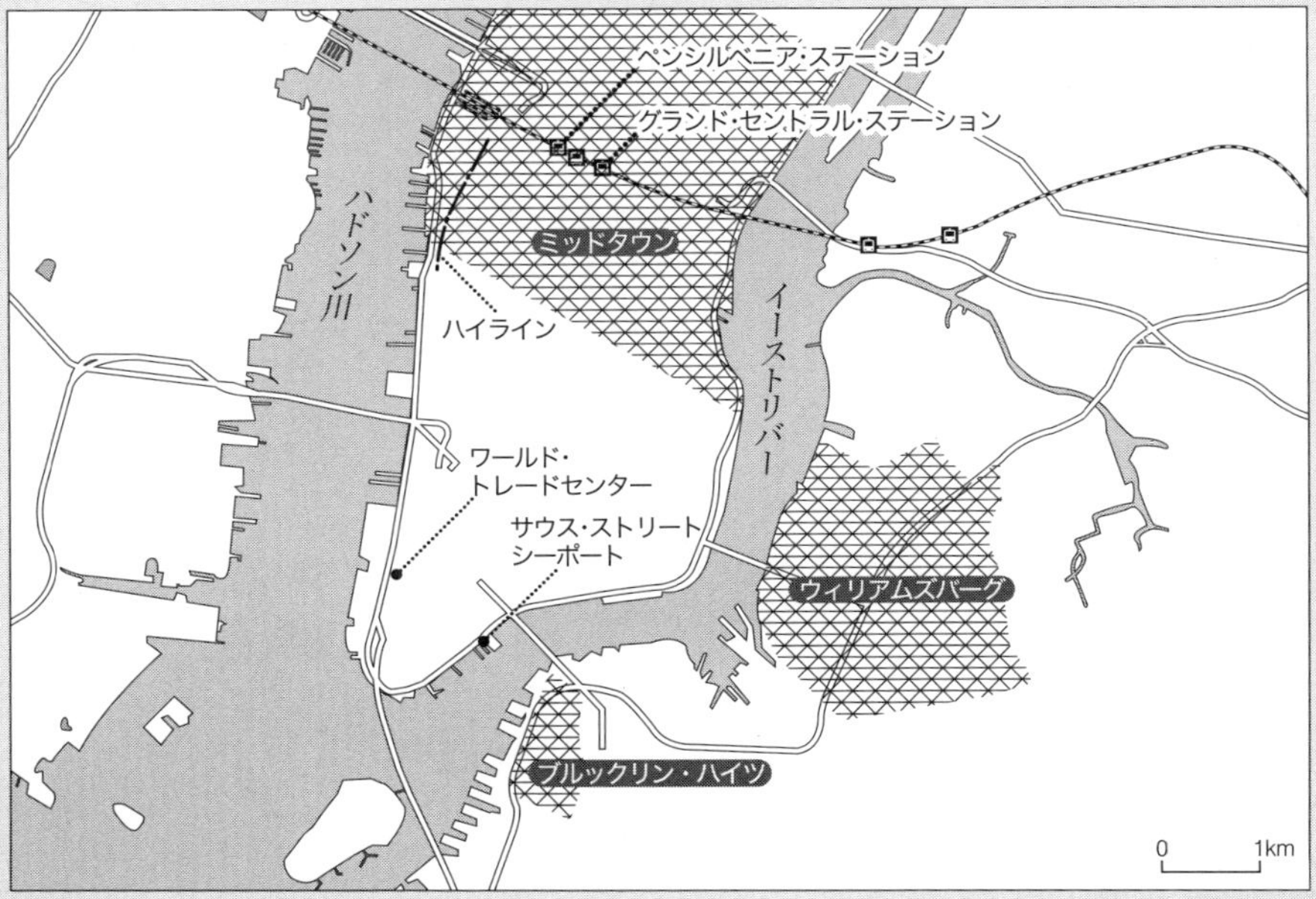

私のアメリカとのかかわりの歴史は長く、一九七一年にハーバード大学デザイン学部大学院に留学してボストン近郊のまちケンブリッジに住み、卒業後もそこにあるＴＡＣというグロピウスが創設した事務所に勤務したのにはじまって、その後一九八六年には中西部にあるセントルイスのワシントン大学に客員教授として招かれ、数カ月ここに滞在した。その後も磯崎新氏と篠山紀信氏の「建築行脚」シリーズに協力してニューヨークに滞在したりして縁が切れない。

二〇〇二年に鹿児島大学にいた私はアメリカで生まれたニューアーバニズムというまちづくりの手法について調査しようと思い立ち、国の研究費を獲得してフロリダとカリフォルニアに出かけた。前年の九月一一日の同時多発テロ事件の発生によって、大きな精神的ダメージを全国民が共有していた時代だった。さらにその六年後の二〇〇八年九月一五日に、リーマンショックがこの国を襲い、それがたちまち世界に波及して、グローバリゼーションが世界経済を繁栄に導くという従来のマーケット至上主義に大きな疑問符がつけられることになった。アメリカ的な価値観が真理であるという神話がはかなくも崩れ去ったのである。

その反省に立ってさまざまな分野で新しい思考方法が生まれ、大量生産、大量消費によって支えられる経済を否定し、小規模、少量生産による持続可能なビジネスによって支えられる世界を志向する動きが各地で試みられるようになった。自然食品や非化石エネルギー活用などを含めてさまざまな動きが全米各地で試みられたが、それはロハス（Lifestyles Of Health And Sustainability）と呼ばれ一世を風靡したこともあった。しかし、この用語はその商業主義的ニュアンスから現在は使われなくなっている。とはいえ、このような風潮のなかで、とりわけアメリカの食生活に大きな変化がもたらされたことは特筆すべきである。いわゆるジャンクフードやファストフードよりも、地元の産物を使った手作りの食事を重視する文化が生まれ、各地に特色ある食文化が生まれている。また、テキサスで生まれた自然食品などを扱うスーパーのホ

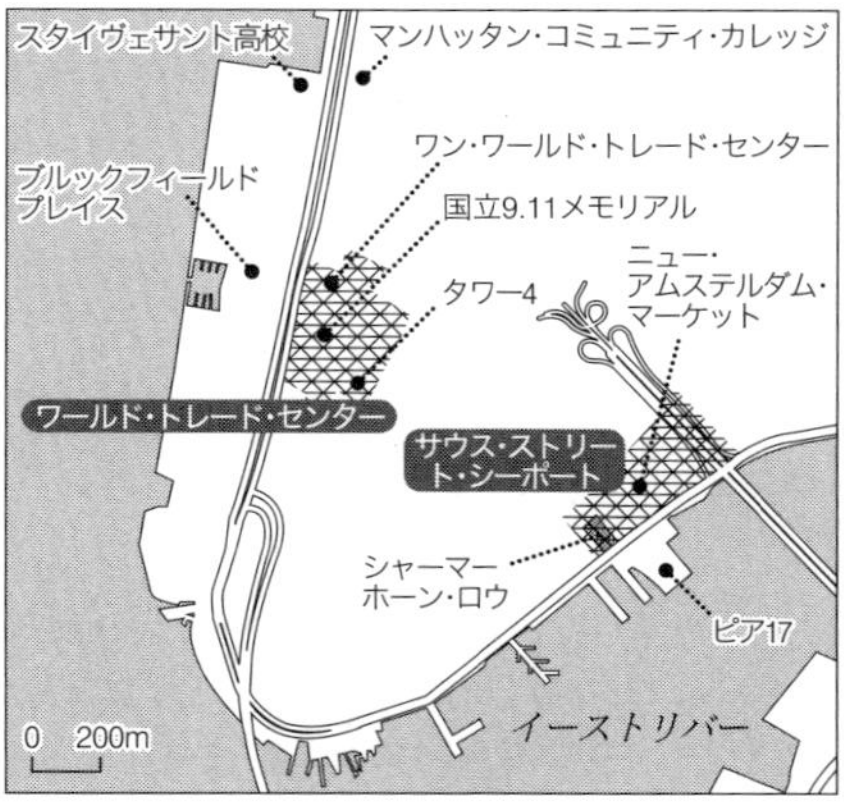

ールフーズ・マーケットは、たちまち全米に広がることになった。

一方、まちづくりの面でも持続可能性は基本的な必要条件として認識されだし、ニューアーバニズムもこの流れを汲んでおおいに普及した。またこの観点から、従来のスクラップ・アンド・ビルドによるいわゆる「再開発」は否定され、既存の資源を再生活用するリノベーションがしだいに優勢になってきた。その動きはすでに前世紀の末頃から胎動していたが、とりわけ今世紀に入り各地で顕著になっていき、とくにニューヨークの高架線跡地公園ハイラインは、その素晴らしい成果によって、早くも世界中でモデルとされることにもなった。

本章では、アメリカのなかでもとりわけ目覚ましい変化を遂げているニューヨークにおける新潮流を代表する諸地区を訪問し、リノベーションの最近の成果を報告すると同時に、このような文化的変容の現在をレポートする。ニューヨークの調査にあたっては、ハーバード大学時代のクラスメートの現地実業家アレックス・チュー氏の協力を得た。

1・1　鎮魂から再生へ——ワールド・トレード・センター

ニューヨークのリノベーションを見て回るにあたっての原点は、何と言っても二〇〇一年九月一一日に瓦解に帰したワールド・トレード・センター（以下、ＷＴＣ）であろう。一九八六年セントルイスのワシントン大学で教えていた私は妻とともにこのビルに登り、ヘリコプターでその周囲を回ってみたが、このような悲劇が後に襲うことになるとは夢想だにしなかった。しかし、多くのアメリカ人は、9・11以前と以後で意識が大きく変わったという。このエポック・メーキングな事件についてここではふれないが、それまでの拝金

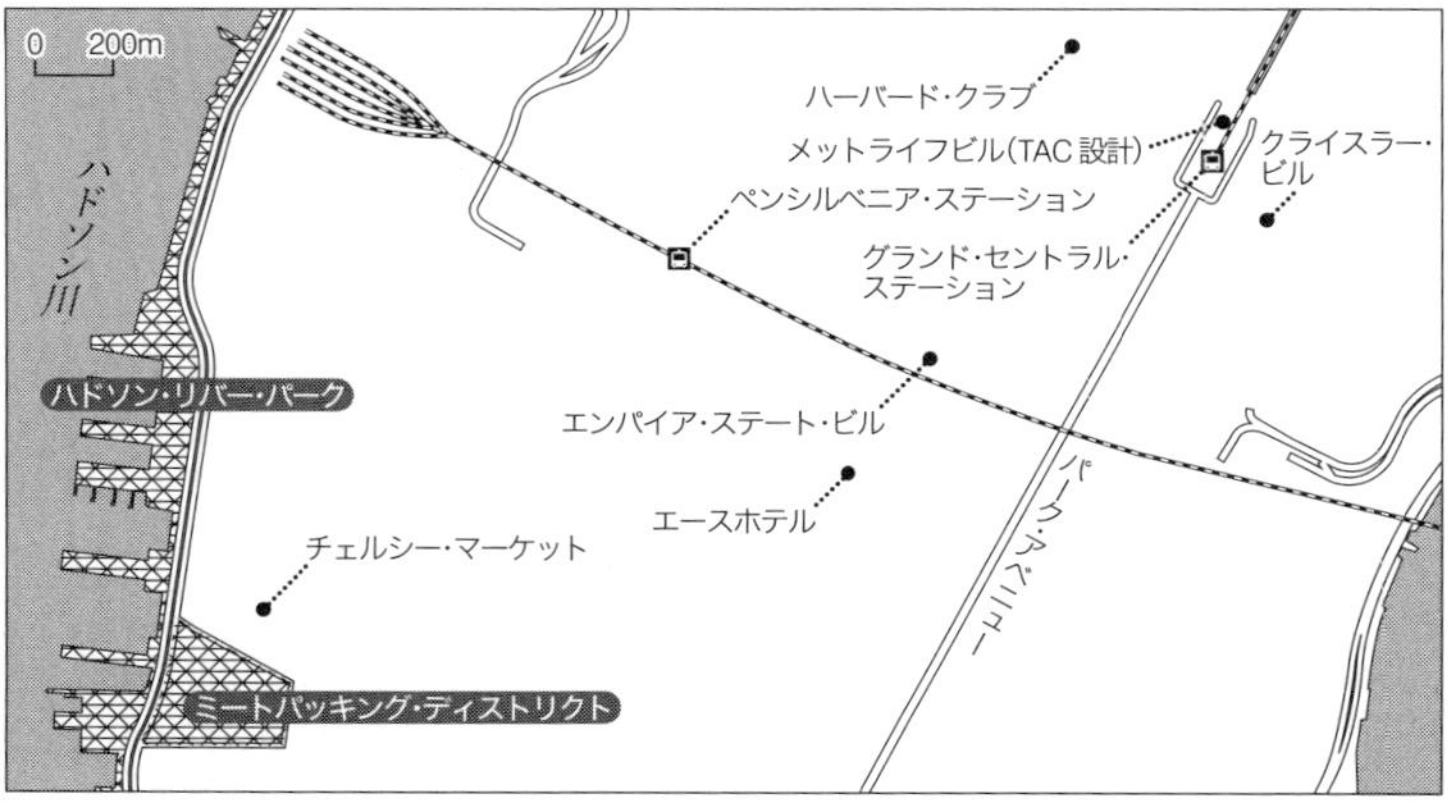

主義、巨大主義、成長第一主義に対して新しい規範を模索する動きが急速に広まる契機になったことは否めない。そしてその影響は世界各地に波及して、まちづくりの面でも地域づくりの面でも大きな転換点を迎えた。私はこれをとらえて世界各地を巡り調査して、その結果を『まちづくりの新潮流』と『地域づくりの新潮流』という二書にまとめ、その動きを日本の読者に伝えた。しかし、この時の調査では、アメリカにも行ったにもかかわらず、そのトレンドの変化の原点を訪ねておらず気にかかっていたのであるが、今回の調査ではその原点に立ってみた。

瓦解したＷＴＣは第二次大戦中からハドソン川河口付近にこの地域一帯を管理していたニューヨーク・ニュージャージー港湾公社（いわゆるポート・オーソリティ）の実力者オースティン・トービンとこの周辺を再開発する希望を持っていた経済界の大立者デイヴィッド・ロックフェラーの思惑が合致して建設された。日系二世のミノル・ヤマサキが設計して一九七三年に完成し、二本のタワーを含めて七つの建物が建っていたが、そのすべてが破壊された。足元にはニュージャージー側とむすぶ鉄道が乗り入れてマンハッタンへのアクセスを確保している。建設に際し発生した膨大な廃土は、隣接する川岸の埋め立てに利用され、ファイナンシャル・センターとして利用されていた。

再建にあたっては、まず二本のタワーの跡地にその外形をなぞった巨大な二つのプールが作られ、犠牲者たちを悼む「国立9・11メモリアル」というモニュメントとなっている。黒い石で造られた四角いプールには周囲から水が流れ込み、中心部に口をあけた巨大な孔から地下深く吸い込まれていく。周囲の壁には犠牲者たちの名前が記され、世界中から訪れた人々が思い思いに追悼の意を表している。また敷地内にはビジターセンターが設けら

図1・3 —— PIER40
対岸のジャージーシティへ行くフェリーや観光船に乗る桟橋も残っているが、イベントスペースやスポーツ施設などにもリノベーションされている。

図 1･1〈上〉——国立 9・11 メモリアル
かつてここに建っていたツインタワーの外形をそのままなぞった犠牲者の名を刻んだ慰霊碑を兼ねた壁から、絶えず水が湧き出るが、大きな黒い池の中央の底知れぬ空洞に向かって流れ込んでいく。

図 1･2〈下〉——ハドソン・リバー・パーク
ハドソン・リバー・パークを南下するとニューヨークでもっとも高い高層ビル、ワン・ワールド・トレード・センターがそびえ立っているのが見える。寂れきった港湾施設の並んでいたこの一帯は、今では市民や観光客がジョギングなどを楽しむ美しいプロムナードに変身した。

れこの悲劇のストーリーを伝えている（図1・1）。

このモニュメントを取り囲むように並び立つ予定のビルのうち、すでに槇文彦氏設計のタワー4が完成し、続いて二〇一四年一〇月にはニューヨークでもっとも高いワン・ワールド・トレードセンターが完成した。この建物は多面体の特異な姿で今ではニューヨークのどこからも見られるランドマークとなっている。

しかし、今もなお対岸のニュージャージーへ渡る地下鉄の駅舎など、未完成の部分も多い。WTCの借地権は事件直前にデベロッパーのラリー・シルバースティンに渡っており、早く事業を完成させて利益を上げたい彼の商業的思惑と、行政や犠牲者遺族たちの想いとの調整が再建工事の進行を遅らせている。一方、隣接する旧ファイナンシャル・センターは破壊を免れ、改装工事も完成し、現在名前をブルックフィールド・プレイスと変えてオープンしている。ワールド・トレード・センターからハドソン川沿いを北上していくと、かつては港湾施設と倉庫が立ち並んでいた一帯が長大なハドソン・リバー・パークという公園になり、その各所にさまざまな既存建物や埠頭を活かしたリクリエーション施設が整備されている（図1・2）。むろん対岸のジャージーシティに渡るフェリーやマンハッタン巡りのフェリーや観光船の埠頭は残されているが、フットボール・スタジアムやイベント・ホールなども立ち並び、ジョギング好きの市民や観光客たちを惹きつけている（図1・3）。

かつての殺伐たる情景を覚えている私にとってはまるで信じられないほど平和でのどかな情景で、内陸側にはこの眺望を活かしたコンドミニアムやオフィスビルが建設中で、明らかにこの公園の整備が大きくエリア価値向上に貢献している状況が見て取れる。また、この公園の南端のワールド・トレード・センターの近くには、川に面してニューヨーク一

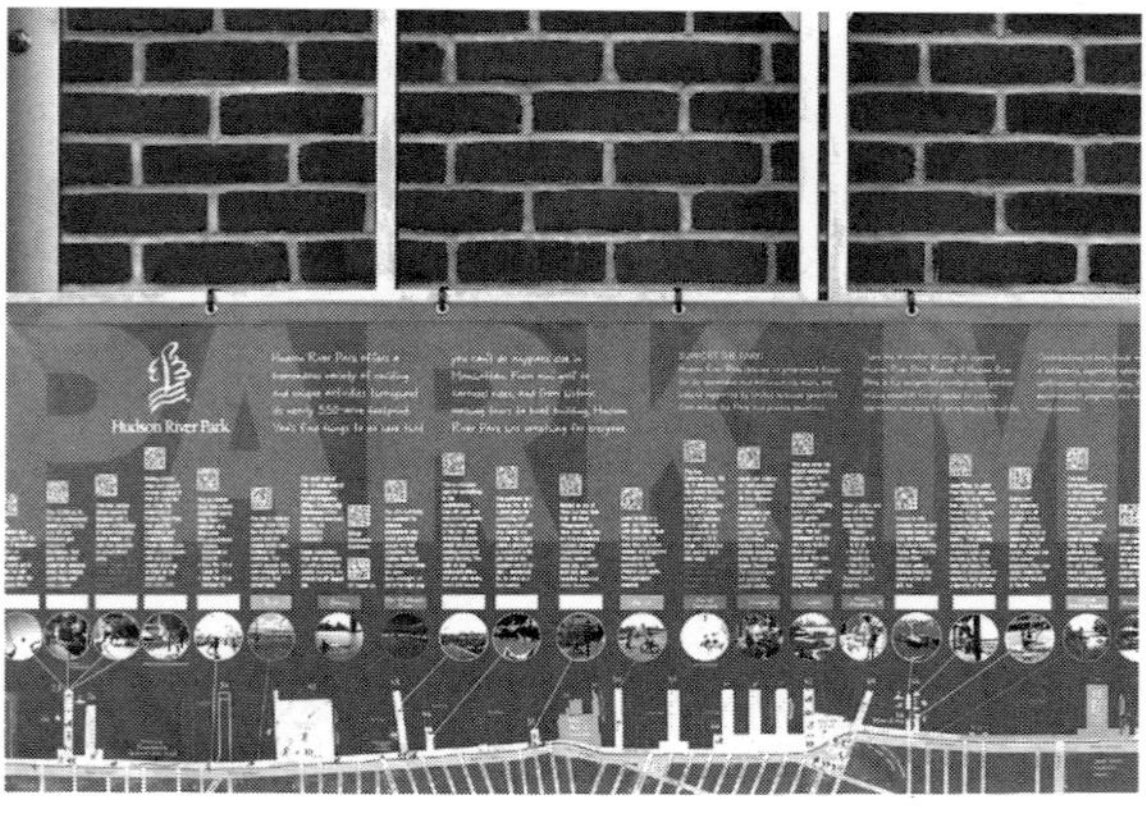

図1•4 ――ハドソン・リバー・パーク沿いに整備された施設を示すマップ
各所に掲示され、市民にここの整備事業に対する寄付を呼び掛けている。

偏差値の高い公立高校として有名なスタイヴェサント高校が建ち、ウエスト・ストリートを挟んで、その向かいには、マンハッタン・コミュニティ・カレッジが建っている。ニューヨーク市は低所得者層のスキルアップを援助するためにこのような学校を整備しているということであった(図1・4)。

私にとっては三〇年ぶりの再訪となる国民的悲劇の現場が、こうして徐々に再生し、新たな時代への歩みを進めていることを実感できたのは、今回の旅のなかでもとりわけ大きな喜びであった。

1・2 廃線公園で奇跡の化学変化——ハイライン

かつてマンハッタン島の西側のハドソン川沿いに、ハイラインと呼ばれる貨物専用の高架線が走っていた。一九八〇年に廃線となり、市当局が取り壊しを計画したところ、保存のための市民運動が一九九九年に始まり、二〇〇九年から段階的に地上九メートルからニューヨークの街を眺める全長約二・三キロのリニアーな展望公園が整備されてきた。南端は現在流行の最先端エリアとみなされているミート・パッキング・ディストリクト(MPD)のガンズヴォート通りで、北端は三〇番街から三四番街に広がる巨大な鉄道用地であり、これの周囲を大きな螺旋を描きながら地上に降りる。本来の始点はスプリング通りに面した巨大な貨物駅であったが、ここからガンズヴォート通りまでの区間は、保存活動以前に取り壊されていた(図1・5)。

図1・5——ハイラインの南端
唐突に切断されているが、当初はこの先が今はない貨物駅につながっていた。背後に見えるのはレンゾ・ピアノ設計で2015年オープン予定のホイットニー美術館の新館である。この周辺はかつて食肉加工工場が並んでおり、ミート・パッキング・ディストリクト(MPD)と呼ばれているが、現在ニューヨークでもっともヒップなまちと言われている。

この鉄道の起源は、マンハッタン島の西側を流れるハドソン川の水運と密接な関係がある。一七世紀、マンハッタン島にニューアムステルダムを開いたオランダ統治時代から、この川は重要な交通路であり、その後エリー運河を通じて西部アメリカから物資が大量に送り込まれ、製品が送り出される莫大な物流のための埠頭が数多くウォーターフロントに整備されるにいたった。これらの埠頭を結ぶ鉄道は、当初路面を走る鉄道馬車で一八三二年に敷設された。路上での人身事故を避けるためにウエストサイド・カウボーイという馬に乗った人が馬車の前に走り警報を発していたが、事故が絶えないので、ついに高架線が敷設されたのは一九三四年のことである。その沿線には冷蔵装置を備えた倉庫、精肉工場などが相次いで建設され、支線がそれらの建物に接続された。以後四六年間にわたって、この高架線の上を日夜貨物列車が行きかっていたが、やがて、高速道路網が整備され、空路が世界中に広がり、コンテナ船が導入されるようになって、鉄道の利用は激減し、一九八〇年に最後の貨車が感謝祭用の七面鳥を載せて走り、その歴史を閉じた。

一九九九年八月この廃線について話し合う地域委員会で出会ったジョシュア・デイヴィッドとロバート・ハモンドの若い二人は、初対面であったがその場で意気投合して、後に「ハイライン友の会」を結成し、この廃線を再開発計画上のガンとみなす市当局と長い闘争を続けるにいたった。その間廃線の軌道敷にはさまざまな野草が生えて四季折々に美しい花を咲かせるようになった。

二〇〇〇年にハモンドは、風景写真家のジョエル・スターンフェルドにこの風景を見せたところ、感動した彼は一年かけて写真を撮り続けそれを発表すると、世論はすっかり彼らの味方となり、全体計画の国際コンペが行われ、ランドスケープ・デザイナーのジェイ

図 1·8 ――多彩なストリートファニチュア
ストリートファニチュアが各所に設けられている。セキュリティがよくてリラックスできる場所として、実にゆったりとしたムードを醸しだしている。

図 1・6〈上〉——スタンダード・ホテル
ハイラインの南端に線路跡をまたいで門のようにそびえ立っているのは、客室内部が丸見えになるので有名なスタンダード・ホテル。最上階が展望レストランになっている。

図 1・7〈下〉——夜でも安心して歩ける遊歩道
鉄道の線路はそのまま保存されている部分もある。植栽はできるだけ地元の風土になじむものが丁寧に選定されている。

ムズ・コーナー、建築家のディラー・スコフィディオ＋レンフォ、オランダの植物学者ピエト・オルドルフのチームが設計を担当することになった。セントラルパークを設計したフレデリック・ロウ・オルムステッドは、この公園を「市民が気楽に都市の喧騒から逃れる遠い山並みの代用品」になるものを意図したのに対し、ハイラインは都市の解毒剤を目指すのではなく、都市の栄光と悲惨をもろともに見せつける展望台を提供している。

かくして、この公園は大成功をおさめ、世界中にこのような廃線利用の動きが広がっている。本書でもパリのヴィアデュック・デ・ザールを紹介しているが、ハイラインで特筆すべきことは、このリノベーションによってもたらされた周辺地域のエリア価値のすさまじい上昇である。この公園がオープンして最初の二年間だけでも四〇を超える建物がこの公園の両側に建ち、さらに今でも巨大な建物の建設が続いている（図1・11）。そして最後には北端にある広大なトラックヤードの上部を覆う巨大開発プロジェクトが計画されている。この公園は地上からのアクセスが限定されているので犯罪者が寄り付かず、夜間でも安全だということで、人の流れが途切れず、前記のとおりＭＰＤやチェルシー地区に次々に新しい商業施設が進出している（図1・6〜11）。

チェルシーを通るハイラインから引込線があった巨大なビスケット会社ナビスコの工場を一九九七年にリノベーションしたのがレンガ造のチェルシー・マーケットで、一階は三〇店舗以上の特色ある各種の食品店とイートインが集まったフードコートになっているが、その上階には放送局や有名企業のオフィスが入居している（図1・13、14）。周辺の建物の多くも精肉工場や倉庫をリノベーションした商業施設に改装されており、アップルショップを含めて現在もっとも流行の最先端を行くフードやファッションのトレンドを感じられる

図1•9 ——階段状のイベントスペース
イベントスペースになっているところもある。こういう所の多くは企業などの寄付で整備されており、その名前が小さく記されている。

図 1・10〈上〉――オープンカフェ
上に既存のビルがあるピロティには、オープンカフェが開店している。ハドソン川に落ちる夕日を眺めながらビールを飲んだりアイスクリームを食べたりしている。

図 1・11〈中〉――不動産ブームの触媒
ハイラインの周辺は不動産ブームで、リノベーションや新築のコンドミニアムやオフィスビルが続々出現している。

図 1・12〈下〉――ハイラインの北の端
西側のハドソン川のほうに大きくカーブして 34 番街に向かって降りて行く。東側の広大なトラックヤードの上空の使い道については、オリンピック会場やヤンキースタジアムなどなど、いろいろなうわさが飛び交ってきた。最新情報では、巨大な都市プロジェクトが立ち上がっているようである。

街を形成している。

ハイラインの北の端は三四番街で三〇番街から大きくカーブを描いて地上レベルまで下っている(図1・12)。そのカーブに囲まれた部分はペン・ステーションの広大なトラックヤードになっていて、この上空をどう活用するかが現在ニューヨーク最大の関心事である。現在端の方から少しずつ建設工事が始まっているが、最新情報では巨大都市プロジェクトが立ち上がり、日本からも三井不動産が進出するらしい。

1・3 対照的な二つのターミナル——ミッドタウン

ニューヨークのホテル代の高騰はすさまじい。むろんこれは地価の高騰に比例しているわけで、日本のリーズナブルで快適なビジネスホテルと比較した場合、とても満足のいくサービスは期待できない。ホテルビジネスは完全に売り手市場になっている。それはむろん世界で唯一経済的ファンダメンタルズが好調で、世界中から投資マネーが集中している

図1・13〈上〉——旧ナビスコ工場
かつてハイラインから鉄道が乗り入れていたビスケット会社のナビスコの工場は巨大な複合ビルとしてリノベーションされ、1階はチェルシー・マーケットというフードコートになっている。

図1・14〈下〉——チェルシー・マーケット内部
地ビールのメーカーや、エスニック料理のテイクアウトや、有機野菜などの食品チェーンを全米で展開しているホール・フード・マーケットなどの店も入っている。

からで、またそれにともない来訪者あるいは移住者があふれんばかりに町にひしめいている。

私がニューヨークに着いたとき、現地在住のハーバードのクラスメートで現在投資銀行を家族経営しているアレックス・チュー夫妻はマンハッタンをメルセデス５５０Ｓで案内しながら、各所で彼らの注目するエリアを説明してくれた。彼ら自身はチャイナタウンで初めての高層ホテルを新築していたが、これは珍しいケースだ。地元出身の人物がデベロッパーであったので、このプロジェクトは可能であったが、一般に新築には多くの障害がある。私はミッドタウンの有名なリノベーションホテルであるエースホテルに滞在したが、これは既存のビルをホテルに改装したもので、西海岸のシアトルで創業して成功したコンセプトでマンハッタンに進出したものである(図1・15)。簡素でスパルタンな内装と、アーティスティックなデザイン、レトロなテイストとフレンドリーなサービス、客をほとんど真っ暗なロビーにできるだけ集め、ネットカフェ化しゲストの疎外感を和らげ、毎晩何らかのイベントを催して盛り上げるなど、いわゆるシティホテルの対極にある居心地の良さを演出している。一階には水族館のように海水魚の水槽が空中に浮かぶオイスターバーが入っており、新鮮なオイスターやチェリーストーンを食べることができる。外観は改装中であるが、歴史を重んじて現況を大きく改変する意図はないようである。古くからの繊維産業街に建つこのホテルは、ブロードウエイの南端のタイムズ・スクエアやマディソン・スクエア・ガーデンのある南方面に向かう鉄道駅のペンシルベニア・ステーションも近く、戦前からの古いビルがいくつも残っているが、さすがに地価の高騰の波に抗いきれず、高層コンドミニアムやホテルへの建て替えも急速に増えている(図1・16)。一方、こうしたプ

図1・15——エースホテルのロビー
シアトル、ポートランドなどで大人気を博したリノベーションによる新しいスタイルをニューヨークに持ち込んだ。このロビーでは毎晩ライブイベントが開かれ、ゲストが交流する場となっている。

ロジェクトでも低層ビルの空中権を利用して、隣りに高層ビルを建ててエリア価値を守ろうとする動きも顕著である。

アレックス夫妻はその後ハイラインを一緒に歩いて両側の街の説明をしてくれたが、そのあと、現在もっともヒップなエリアと呼ばれるミート・パッキング・ディストリクト（MPD）にオープンしたばかりのヴァルベッラというイタリアンレストランに招待してくれた。外観は寂れたレンガ造の倉庫風なのだが、内部は優れた建築家による見事なインテリアで、サービスは洗練され、料理も本格的で私が若い頃持っていたアメリカのレストランのイメージとはすっかり変わったクオリティの高さに驚嘆した。もともとはかつての品川駅南口のように食肉工場が立ち並んでいた地区ながら、品川のように再開発せず、かつてのすさんだ雰囲気をあえて残したところに二一世紀型リノベーション文化の最先端を見る思いがした。この周辺にはアップルショップをはじめ、ファッショナブルな店舗が多数進出してきており、アレックスは空き倉庫こそが投資家にとって宝の山だと言っていた。

食事のあと、アレックスが案内してくれたのがミッドタウンのエンパイヤ・ステート・ビルの近所にあるハーバード・クラブで、彼はこのクラブの増築事業を手伝い、宿泊部分の拡充を成功させた。彼は自分のスキルで母校の同窓会に貢献できたことを非常に誇らしく思っており、そのストーリーを私に話したかったのである。彼の錬金術はこの歴史あるクラブに死蔵されていた無数の絵画のなかに実はたいへんなお宝が埋もれていることを同窓生から教えられ、それを処分することでこの地価の高いエリアで隣りのビルを買収することに成功したのである。私たちは旧館のペントハウスのテラスのバーでマティーニを楽しみながら四〇年前の青春の日々の思い出話にふけったのである。ミッドタウンのペント

図 1•16——ペンシルベニア・ステーション

マキム・ミード・ホワイト設計の名作であったペンシルベニア・ステーションは、リノベーションという考え方がなかった時代の 1962 年に再開発され、そこにマディソン・スクエア・ガーデンというビルが建てられた。ニューヨークとフィラデルフィアやワシントンを結ぶ幹線のターミナルとしてのシンボル性は完全に失われてしまった。その反省に立って、セントラルステーションの駅舎は保存された。

ハウスからの夜の眺めは世界一美しいと言っても過言ではない(図1・19)。

翌日は一人で朝からパーク・アベニューを北上してグランド・セントラル・ステーションに向かった。正面にボザールスタイルの重厚な駅舎が建ち、パーク・アベニューはそこで終わる。背後には、私のかつての職場で元バウハウス校長であったワルター・グロピウスが率いるTACが設計した高層ビルがそびえている(図1・17)。わが師の設計したこの不格好なビルを見るたびに、いつも情けない思いをするのは私だけではなく、多くの識者はグロピウスが晩節を汚したと評しているのである。

それはともあれ、ボザール風の駅舎のほうは一九一三年に建てられ、後に建て替え計画が提案されたが、保存運動の盛り上がりによる長年の訴訟の結果、一九九四年から大規模なリノベーションが行われ、オープン当初の華麗なる姿が再現され、二〇一三年に一〇〇周年を迎えてさまざまな記念行事が行われるにいたった(図1・18)。

星をちりばめたボールト天井に覆われたコンコースを見下ろすギャラリーでは、さまざまなイベントが行われ、私が訪れた時はアイフォン6の発表会が行われ、大勢の人々が群がっていた。ここの名所は地下のオイスターバーで、クラムチャウダーが名物であるが、注目したいのは連続ドーム状の天井である。これは後述するが、スペインから移住してきたエンジニアがカタロニア地方の伝統技術で薄くて平たいレンガで作ったものである。このステーションの近くには、かつて私が建築家磯崎新さんと写真家篠山紀信さんと一緒に取材して書籍化したアールデコの殿堂クライスラー・ビルがそびえている。

図1・17 ――グランド・セントラル・ステーション
パーク・アベニューのアイストップとなっているセントラルステーション。歴史的建造物が保存された。その代償として背後には空中権を利用したメット・ライフ・ビルがそびえる。

図 1•18〈上〉——**グランド・セントラル・ステーションの駅舎**
星空の描かれたボールト天井に覆われた壮大な空間は最近修復工事が完成し、ニューヨークの観光名所となっている。

図 1•19〈右〉——**ハーバード・クラブにて**
マキム・ミード・ホワイト設計のハーバード・クラブの建物を増築する事業を考え出したクラスメートのアレックス・チューがニューヨーク市内を案内してくれた。

1・4 マンハッタンの港町——サウス・ストリート・シーポート

マンハッタン島の東南端にあるサウス・ストリート・シーポートという港町にあった魚市場をリノベーションし、桟橋の上に鉄骨造の商業施設を載せたきわめてスマートな複合施設ができて、それを最初に私が訪れたのは一九八三年であった。当時ボストンでもリノベーションによるファニュイル・ホール・マーケットプレイスがウォーターフロントにできて大評判になり、これを手掛けたデベロッパーのジェームズ・ラウスと建築家ベンジャミン・トンプソンのコンビは全米各地でこのような楽しいプロジェクトをつぎつぎに手掛けていった。彼らの手法は祝祭的な非日常的空間を商業施設に持ち込むことで、客を有頂天にさせることによって商業的成功を収めることであり、これはフェスティバル・マーケットプレイスという商業施設のフォーミュラとなり一世を風靡した。後にラウスは大阪に呼ばれ海遊館のそばの天保山マーケットプレイスを作り、これを大成功に導いた。そして彼らがニューヨークで手掛けたのがサウス・ストリート・シーポートの軽快な鉄骨造のピア17であった。しかし二〇一二年にニューヨークを襲ったハリケーンの被害はひどく、現在のオーナーであるハワード・ヒューズ・カンパニーは現在この建物の建て替えを行っており、陸上にある既存のフルトン・フィッシュ・マーケットのリノベーションも二〇一四年現在進行中である。

一九世紀初め、このあたりはニューヨークの水運業の中心として非常に繁栄していた。これに目をつけたのが、船主で商売を営んでいたピーター・シャーマーホーンで、彼はこの一帯の使用権を買収し一八一一年から翌年にかけてレンガ造の建物を次々に建てていった。内陸のビジネス街とつながるフルトン通りを中心としたこの街区はシャーマーホーン・ロウと名づけられ、水運に関連するさまざまなビジネスに利用する店舗、オフィス、倉庫などとして使われる一方、近隣の埠頭から訪ねてくる大量の移民たちのためのホテルなどとしても使われるようになった。当然それに付随して飲食の提供や売春なども行われ、界隈はおおいに賑わった。その場面は小説にも登場した。

一九世紀には栄えていたこのあたりも一九五〇年代後半にハドソン川沿いの新しい埠頭が出来ると、ほとんど空きビルだらけになっていった。しかしここの歴史を惜しんだピーターとノーマのスタンフォード夫妻は一帯の保存を目指して一九六六年にサウス・ストリート・シーポート友の会を設立し、翌年博物館が設立された。

オープンした当初、この博物館の主な目的はこの一帯を教育的な歴史地区にすることであり、出店する店は一八二〇年から一八八〇年頃のこの港の全盛期の動いている様子を再現するというスタイルを取っていた。その後ラウスがここをフェスティバル・マーケットプレイスとして再生し、やがてこの博物館は一九九八年に連邦議会指定のアメリカ国立海事博物館の一つに指定された。この博物館には展示スペースと教育施設があり、展示ギャラリー、一九世紀の印刷店、考古学博物館、海事図書館、船舶センター、海洋生物保存ラボ、そしてアメリカでも私有のものとして最大の歴史的船舶コレクションを保有している。そのうちの一艘は現在でもイーストリバーのクルージングを提供している。博物館は一般には公開されておらず、主として学校教育

図 1•22 ――シーポート地区案内図
この地域の完成図を大きく掲示して納税者たちに告知するサインボード。上部に図示されているのがピア 17。

図 1・20〈上〉——帆船展示場
帆船は博物館の展示物になっている。港のウッドデッキの上ではさまざまなイベントが行われている。背後にそびえるのはウォール街のビジネスセンターである。

図 1・21〈下〉——シャーマーホーン・ロウ
フルトン・ストリートにつながる広場は昔からあった石で舗装され、周辺の建物もシャーマホーン時代のように修復されテナントも選び抜かれてヨーロッパ風の空間を演出している。オープンカフェが広がり、子どもたちが遊ぶ広場はアメリカ人にとっても魅力的。

の場として利用されているが、さまざまなイベントを主催して、社会活動を続けている。なお、この街区は一九七九年にニューヨーク市の歴史保存地区に指定され、展示されている船舶類は国指定の文化財になっている。

私がほぼ三〇年ぶりに訪れたここでは、依然としてピア17やフィッシュマーケットの建物の改装が続いているものの、シャーマーホーン・ロウは昔風なコブルストーンの舗装となって、各所にオープンカフェが店を出し、路上ではパフォーマンスが行われたり、子どもたちに遊びを教えていたりと、多彩な活動が繰り広げられていて賑わっており、近々ピアなどが完成すれば対岸のブルックリン行きのフェリーによって、回遊容易な新しいニューヨーク名所として復活することだろう。

1・5 負のイメージ大逆転——ウィリアムズバーグ

一九七〇年代にボストンに留学した私は、マンハッタン島の東、イーストリバーの対岸のクイーンズやブルックリンに対しては、エスニックの人々が多く住む治安のよくないところ、というあまりイメージの芳しくない印象を持っていた。しかし二一世紀に入りトレンドはすっかり変わり、とくにブルックリンは現在もっともヒップな地域として人気の店が集中し、新しいコンドミニアムやホテルも続々と建てられている。しかし、ブルックリンと言っても広く、その人口は二五〇万人でボストンよりも多い。ニューヨーク市の五つの行政区の一つになる以前はニューヨークとは別の市であった。ここに生まれた有名人は

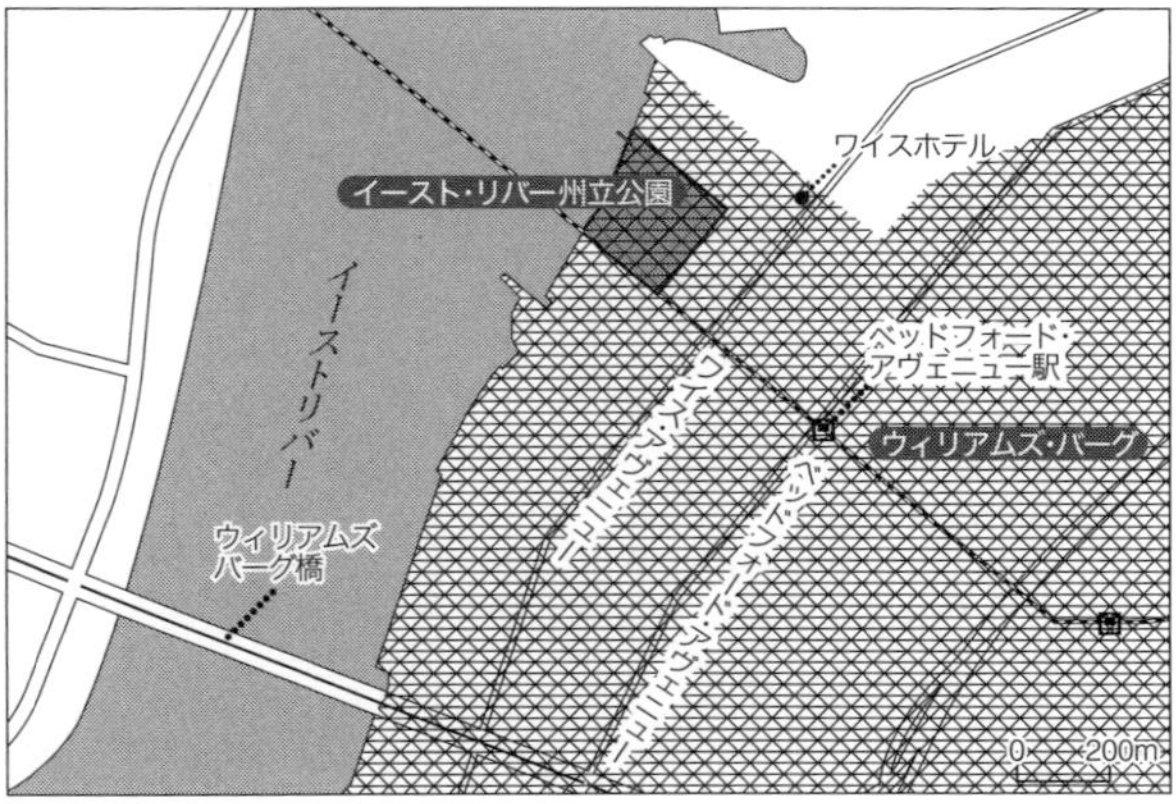

数しれないが、ユダヤ人のダニー・ケイやジョージ・ガーシュウィンなどは代表と言ってよいだろう。

レナテ族のネイティブ・アメリカンが木の皮を葺いた屋根のロングハウスで牧歌的な生活をしていたこの地に、一五二四年初めてやってきたヨーロッパ人はジョヴァンニ・ダ・ヴェラザーロで、彼の名は今もブルックリンとスタテン島を結ぶ橋の名前となっている。その後一六〇九年にオランダに仕えたイギリス人ヘンリー・ハドソンがやってきてこの地域を調査し、さらに上流まで川をさかのぼっていってその名を残した。一六二四年にオランダは周辺一帯をニュー・オランダとして植民地化した。そして多数のオランダ人たちが入植し、その出身地にならって、ブレウッケレンという地名を一六四六年に唱えたのがのちにブルックリンに転化した。一八五一年には市制をしき、全米第三の大都市となったが、やがてフェリーや橋や地下鉄がマンハッタンとの間に開通すると、それまで農地だったところも宅地化され、さらにさまざまな工場も進出し人口は増大した。第二次大戦中には七万人の人々が海軍造船所で働き、ここで作られた戦艦の数は日本全体で造船した数を凌駕していた。ところが終戦後はこのトレンドが逆転し、一九六四年前述の橋の完成により多くの工場がスタテン島に移り、ハイウエイ網の拡充により多くの住民がさらに環境の良い郊外に移住し、一九六六年には海軍造船所が閉鎖されてこの地は衰退のどん底に陥った。それを象徴するのがブルックリンで生まれた野球のドジャーズ軍が、一九五七年にロサンジェルスに転出した事件である。

しかしブルックリンは再び力を取り戻す。造船所の跡地は工業団地に姿を変え、二〇〇〇を超す工場が進出し、一九六〇年末にはブルックリン・ハイツが国の文化財とニューヨー

図1•24——ブルックリン・ボウル
ファッショナブルなボウリング場。ライブミュージックや地ビールなどを楽しめる人気のスポット。ブルックリンの倉庫街では毎週金曜日と土曜日の夜ナイトバザールというイベントが開かれ、たいへんな賑わい。

図 1・23〈上〉——ワイスホテル
ウィリアムズバーグを代表するリノベーションホテル。歴史的縫製工場の上に鉄骨とガラスの箱を増築し、現在もっともファッショナブルなホテルとなっている。最上階のバーから眺めるイーストリバー越しのマンハッタンの夜景が人気である。

図 1・25〈下右〉——アウトプット
ワイスホテルの隣りはやはり倉庫をリノベーションした巨大なクラブ。昼はそっけない風情だが、夜になると大賑わい。

図 1・26〈下左〉——ブッシュウィック入江公園のスタンド
入江を埋め立てて造られた州立公園で、サッカーなどのスポーツを楽しみながらイーストリバー越しのマンハッタンの眺望を楽しめる。このスタンドの建物は地熱利用やソーラーパネルなど環境共生のさまざまな実験を行っている。

ク市最初の歴史的保存地区に指定され、イメージが急転換することになった。一九七〇年代に入るとブルックリン南部で地元住民によってコミュニティ・アソシエーションが結成されるようになり、自分たちの住む地域のアイデンティティを強調するためにボアラム・ヒル、コブル・ヒル、キャロル・ガーデンズ（頭文字を取ってBoCoCa＝ボコカと呼ばれる）など歴史と美観を感じさせる地名を名乗っている。そしてウィリアムズバーグやグリーンポイントは弁護士や会計士などプロフェッショナルな職業の若者や子育て世代に再発見され、マンハッタン橋とブルックリン橋に挟まれたいわゆるダンボ地区（Down Under the Manhattan Bridge Overpass の頭文字）の倉庫街にはアーティストを中心とした人々が流れ込んできた。

このようにブルックリンの細かく分かれたコミュニティは、それぞれの歴史と特徴を活かして、かつての負のイメージを払しょくしエリア価値を高めているが、まずは現在ニューヨークのトレンド発信地として知られるウィリアムズバーグを紹介する。

ここに最初に入植したのはオランダ、スカンジナヴィア、フランスなどから来た農民であった。一八一〇年にジョナサン・ウィリアムズ大佐がこの地域を測量したことにちなんで一八五五年にブルックリン市に編入された時この名前が使われた。一九世紀にはこの地は鉄道王ヴァンダービルトなど産業界の大物のリゾート地となり、大邸宅や銀行なども建てられるにいたった。産業面ではビール工場、製糖工場、ファイザー製薬工場、精油所などが進出し、ドイツ、オーストリア、アイルランド出身の住民が当初そこで働いた。さらに一九〇三年のウィリアムズバーグ橋の開通とともにイタリア、ポーランド、ロシア出身者とユダヤ人が過密のマンハッタン南東部を逃れてここに移住してきた。第二次大戦後は

図1・27――ブッシュウィック入江公園からイーストリバー越しにマンハッタンを見る

プエルトリコをはじめとするヒスパニック系の人々が南部に住み着き、北部には最近若い高級専門職とアーティストが押し寄せてきている。ここには昔からイタリア系やポーランド系の移民が多かった。

ウィリアムズバーグ自体も結構広いのだが、トレンディなショップが集まっているのが地下鉄のベッドフォード駅のあるベッドフォード・アヴェニューであり、これと平行にイーストリバー沿いに走るワイス・アヴェニューとの間にある多数の工場群は今ではトレンディなホテルや、アートスペースなどにリノベーションされ、イーストリバー越しにマンハッタンの摩天楼群を眺める絶好のロケーションを誇っている。この地を代表するデザイナーズホテルのワイスホテルは、一九〇一年に建てられた縫製工場のリノベーションで地元の有名レストランを手掛けたアンドリュー・ターロウがインテリアを担当。上階に鉄とガラスの箱を増築した独特なデザインで、ペントハウスにあるバーから見るマンハッタンの夜景が素晴らしい（図1・23）。向かいには若者の集うボウリング場や、ビール醸造所などのリノベーションされた建物が並び、次々に改装が進んでいる（図1・24、27）。一方で既存の建物を取り壊して高級賃貸住宅に建て替えたり、コンドミニアムとして売却したりさまざまな不動産取引が活発に行われている（図1・28）。

イーストリバーに面した広い州立公園はなだらかな坂になった芝生で、気持ちよく寝そべって対岸のタワー群を眺めることができる（図1・25、26）。その一角ではスウェーデンのバイキング料理スモーガスバーグに名を借りた屋台を集めた食の祭典が毎週末に開かれている。そしてその川べりにはブルックリンのほかの地域に行ったり対岸のマンハッタンに渡ったりするのが便利なフェリーのターミナルがある。このフェリーは運賃も安く頻繁に

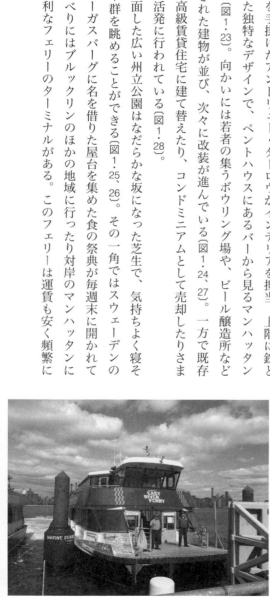

やってくるので、ぜひ利用したい（図1・29）。

1・6　高級住宅地のブランドを守るＢＩＤ——ブルックリン・ハイツ

ブルックリンのウィリアムズバーグからイーストリバーのフェリーに乗って南下するとブルックリン橋のたもとのターミナルに着く。そこに広がる公園から陸側の崖を見上げるといかにも高級住宅地を思わせる森が長く広がっている。対岸はウォール街につながるアメリカ経済の中枢が目と鼻の先である。この住宅地こそニューヨークでもとくに高値で取り引きされているというブルックリン・ハイツである。対岸にマンハッタンのスカイラインや自由の女神の立つ島まで望める絶好の立地であり、崖の下にはハイウエイが通っているが、その上を緑豊かなブルックリン・ハイツ・プロムナードが覆っている。

一八一四年にマンハッタンとブルックリンを結ぶフルトンフェリーが運航を始めるとすぐに、ブルックリン・ハイツの農家は幅七・五メートル奥行き三〇メートル（約六〇坪）の宅地に区画して農地を分譲しだした。この分譲地には住宅、教会その他の施設が次々に建ち並び、道路には地主の農家の名前が付けられた。ウォール街などで働く人々はわずか二〇分間フェリーに乗るだけで緑豊かなわが家に帰ることができる。ここにニューヨーク最初の「郊外＝サバーブ」というものが誕生したのである。しかし一八九八年にブルックリンがニューヨーク市に統合され、その行政区の一つになると、この地の性格は変化せざるを得なくなった。開通した地下鉄や一八八三年に開通したブルックリン橋を通じてより多

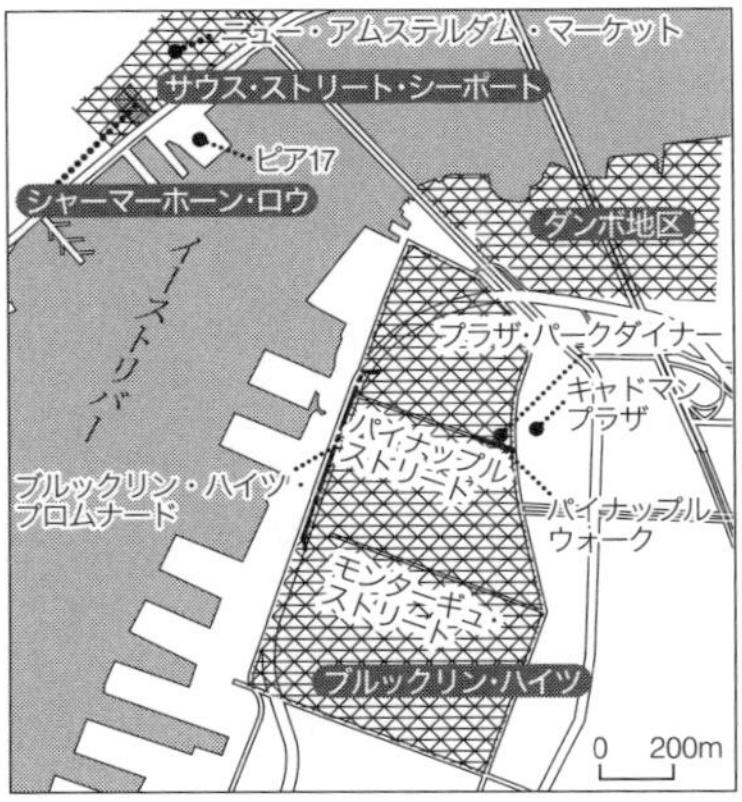

図1・28〈前頁右〉——**不動産物件**
この地区のエリア価値の上昇にともなって新築のコンドミニアムも続々と建てられている。マンハッタンに比べて低い地価で利回りの良い投資の対象になっているのである。

図1・29〈前頁左〉——**ブルックリンの各地区とマンハッタンを結ぶフェリーボート**
高速で渋滞がなく地下鉄よりも爽快なので人気が高い。運行間隔も短く非常に便利。

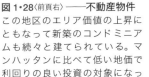

くの人々が移住し始め、戸建住宅の多くは集合住宅やホテルに置き換わっていった。人口密度は高まり、郊外というよりは密集したマンハッタンによく見られるブラウンストーン様式の集合住宅が立ち並ぶ街並みが形成されていった。そこにはトルーマン・カポーティやテネシー・ウイリアムズやヘンリー・ミラーなどのさまざまな文化人たちが住み、この地をこよなく愛した。

この高級住宅地の東側にはキャドマンプラザという木立に囲まれた広大な公園が広がり、ゆとりある住宅地のイメージを一層高めている。住宅地内を東西に走るパイナップル・ストリートとこの公園を結ぶ遊歩道であるパイナップル・ウォークの公園側出口にはプラザ・パーク・ダイナーという個人経営の大きな食堂兼バーがあって地元の人々に愛されているようであった。

しかし、この界隈で特筆すべきは、地元商店街となっているモンターギュ・ストリートであろう。ここはＢＩＤ（ビジネス・インプルーブメント・ディストリクト）地区に指定されており、そのことが誇らしげに道の両側にかかるバナーに記されている。ＢＩＤとは、犯罪多発や地域ビジネスの衰退で劣化した自分たちのまちを自分たちで改善してエリア価値を高めようとする住民自身が資金を出し合う制度である。地元の地権者・住民・テナント・行政関係者が一体となって区域内のエリア価値の改善と維持のための活動経費として負担金を支払うことを住民投票で議決して、たとえ反対意見があっても自治体によって強制的に徴収される。ニューヨークにはタイムズ・スクエアやグランド・セントラルなど、全市で六八もＢＩＤ指定地区があり、全米でも数百のＢＩＤがある。たとえばフィラデルフィアはＢＩＤによって荒廃から劇的に立ち直ることができた。

図1･32——エスプラナードと呼ばれる遊歩道
右側の森の上が住宅地。左側のＶ字型の溝が高速道路。その左は川に向けてスロープ状の公園になっている。遠くにブルックリンブリッジが見える。

図 1･30〈上〉——ブルックリン・ハイツの街並み
ニューヨークで一番の高級住宅地。農地の分譲地から始まって、幾度となく整備が加えられて現在のかたちになった。

図 1･31〈中〉——豪邸の間の道
住宅地の西側にはイーストリバー越しにマンハッタンを望むプロムナードが走っていて、その下には高速道路。リバービューのある住宅地は当然ながら最高値。

ＢＩＤの主な活動内容は、清掃および維持管理、警備、マーケティング、企業誘致および引き止め、公共空間利用規制、駐車場および交通マネジメント、都市デザインのコントロール、社会事業、街灯・植樹・ストリートファニチュアなどの基盤整備といったもので、開発よりも維持管理を主体としている。このことからもわかるようにＢＩＤは住民による、住民のための、住民自身による事業であり、究極の住民自治システムといえるが、仕組み全体は地方条例と州法によって規定されていて、半公共性を有している点が特徴である。

モンターギュ・ストリートは高級住宅街と最寄の地下鉄駅を結ぶ通りで、道の両側には銀行、レストラン、ショップなどをはじめ、さまざまなビジネスが展開されたいへん賑わっているが、おそらく一時は多くの商業地同様衰退に悩んだ末、ＢＩＤを始めたのであろう。サマーフェスティバルをやったり、フォトコンテストをやったりして地域を盛り上げようとしているのは頼もしいが、なんといっても不動産屋のショウインドウで見るように不動産価格の急上昇が彼らの元気の源のように思われた。現在は近所のフルトン・ストリートの商店街でもＢＩＤを行っている。つまりは、住民たちの高級住宅地としてのブランド価値を守り抜く決意がこの制度を支えているのである。

図 1・33〈上〉——モンターギュ・ストリート
BID でエリア価値を高めた。歩道の上に BID のバナーが掲示されている。

図 1・34〈下〉——モンターギュ・ストリート
高額不動産のテナント募集が盛ん。BID のおかげかビジネスは順調のように見受けられた。

2章　アメリカの動きⅡ―ウエストコースト

アメリカでは新しい文化が太平洋岸に生まれ、それがやがて東海岸に伝播してそれが海外に発信されていくという流れがある。アメリカ文化論については、かつて磯崎新氏からクライスラー・ビルについて調べるよう命じられた一九八〇年代に各種文献を集め、篠山紀信氏の写真とともに出版された「建築行脚」シリーズのなかの一冊「クライスラー・ビル」編の解説を書いた。

それから三〇年後になって、私が岩手県紫波町にオガール・プラザという公民連携事業により実現した複合施設を設計した際、中にテナントとして入ったカフェのコンサルタント辻純一氏と知り合った。辻氏は秋田出身であるが、その後アメリカで建築教育を受け、シアトルで活動している建築家で、私がかつて教えたことのあるセントルイスのワシントン大学のOBということで意気投合した。辻氏は現在両国でマキネスティというカフェを経営しているが、彼からウエストコーストの新しい動きについて熱烈なレクチャーを受けて、すっかり洗脳されてしまったのである。

前章でも書いたが、アメリカのライフスタイルの大変革の発信地がウエストコーストだというのである。そしてこの動きはアメリカ全土に波及し、さらには世界中に広がりつつあるというのが辻氏の説くところである。私はカリフォルニア州のサンフランシスコ、ロサンジェルスやサンディエゴはそれぞれ異なる目的で数度訪問したことがあったが、その北側に位置するワシントン州やオレゴン州は行ったことがなく、シアトルはおろか、現在わが国でも人気沸騰中のポートランドにも行ったことがなかったので、二〇一四年、短期間ではあったが訪問して、大きな成果を上げることができたので、それを本章にまとめた。シアトルの調査については、私の元パートナーの建築家高俊民氏の絶大な協力を得た。

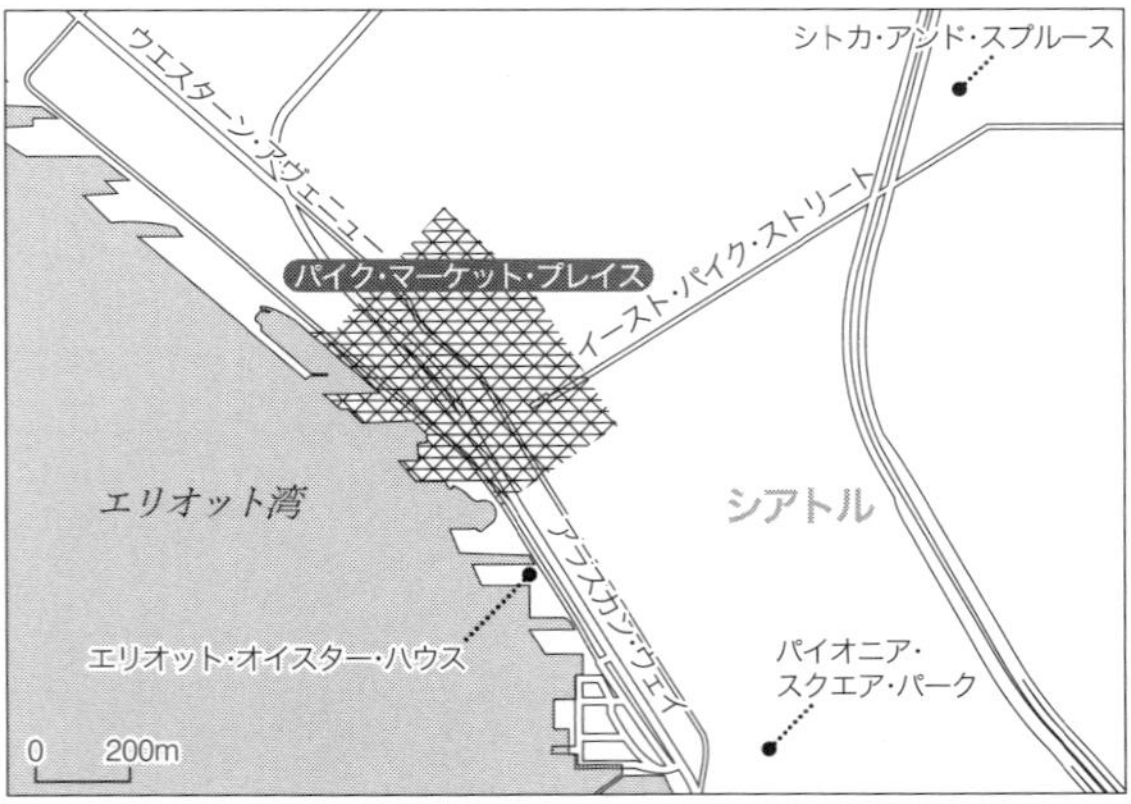

2・1　ノース・ウエスト・キュイジーンのメッカ――パイク・マーケット・プレイス

シアトルはアメリカ西北部に位置し、ニューヨークからは飛行機でも六時間近くかかり、時差も三時間ある。人口は約六五万人で、ボーイング、マイクロソフト、アマゾン、スターバックスなどの有力企業が創業され、市内および近郊に本社を置いている。シータック国際空港からダウンタウンのウエストレーク・センターまでは、一部地下トンネルを通るLRTが走っていて、きわめて便利。市内にはモノレール、ハイブリッドバス、トローリーバスなどが縦横に走っており、歩行者にやさしい、いわゆるウォーカブル・シティとなっている（図2・1、2）。地形は非常に複雑で、ダウンタウンは太平洋から深く入り込んだピュージェット湾のさらに入江のエリオット湾に面している。

シアトルの名はこの地の先住民ドゥアミッシュ族の酋長の名にちなみ、彼の銅像はパイオニア・スクエア・パークに建てられている。この地に白人が最初に来たのは一七九二年五月で、ジョージ・ヴァンクーバーの記録が残っている。一八五一年からは定住が始まり、一八五二年にここで蒸気製材機を使った製材所を始めたヘンリー・イエスラーが本格的にシアトルのまちづくりに取り掛かった。一方、それまで海辺の豊かな魚介類を食料とし、野獣から毛皮や肉を採取し、エコロジカルな生活を送っていた先住民と、森を切り拓き海を埋め立てて入植地を広げる白人たちとの軋轢は激しくなり、ついに一八五四年、連邦政府が先住民たちに物品と居留地を提供する代わりにシアトル一帯の土地を白人に引き渡すことを要求し、先述のシアトル酋長は苦渋の選択の末、この条件を受け入れたのであった。

図2・1――シータック国際空港からのアクセス
都心ターミナルまではLRTで直行できる。ここにはハイブリッドバスも入ってくる。

またシアトルには、数多くの日本人たちが移住し農業に従事していたが、第二次大戦時に西海岸地方から内陸部に強制移住させられて、今はわずかにインターナショナル・ディスクリクトに日本風の建物が残り、宇和島屋という日本食品のスーパーと紀伊国屋書店が進出しているのみである。イチロー選手が活躍したマリナーズのセーフコスタジアムは、この地区に建っている。

さて、このまちもまたほかの多くの都市と同様、揺れ動く経済の波によって幾多の浮沈を繰り返してきたが、とりわけ二〇〇一年の9・11事件以降、全米に広がった健康と持続可能性を重視するライフスタイルの最先端を行くところとして有名になっている。とりわけ、新鮮なシーフードや有機野菜や有機飼料で育てられた家畜の肉や乳製品を使ったノースウエスト・スタイルのレストランが多数あり、ユニークなグルメシティとなっている。このような情報はシアトルと東京を行き来しながら、両国でマキネスティというカフェを経営している辻純一さんからかねがね伺っていたので、今回の旅はその実情を見てみようという目的もあった。

このまちに着いた時出迎えてくれたのはハーバードの同窓生で以前私と共同で設計事務所を開いていた高俊民さんで、彼は今では先に移住した奥さんの住むコンドミニアムと東京の拠点とを往復する生活を送っている。かれはフォルクスワーゲンのSUVで市内を一通り案内してくれたあと、ダウンタウンの中心から少し離れたところにあるシトカ・アンド・スプルースという食料品店を兼ねたレストランでランチを御馳走してくれた（図2・3）。奇しくも、前記の辻さんもこのレストランをシアトルで最新のトレンドの店と推薦してくれていた。小工場や倉庫の並ぶ少しもファッショナブルではないエリアにある既存

図2・2〈右〉——ベル地区
海に近い都心のベル地区にはアマゾンが進出すると言われ、不動産開発がにわかに活気づいている。この通りは歩道を広げる工事が終わったばかり。

図2・3〈次頁右〉——シトカ・アンド・スプルースのバーで
元パートナーの高俊民氏と再会。

の木造の建物をリノベーションしたもので、中にはミートショップやワインショップ、チーズショップやベーカリーなどが入居していて、その一角にフレンドリーなバーがある。生ハムやソーセージを買い込んできてバーでカクテルなどを注文して大きなテーブルで、屋台村のように飲食ができる。売っているものはすべて地元の産品で有機栽培、有機飼育などを明記している。農家の納屋風の内装も居心地の良さを醸しだしている（図2・4）。

辻さんの話では、全国チェーンのファストフード店やカフェなどは嫌われるので、わざと加盟店に別の名をつけていることもあるそうだ。また、シアトルは世界に広がるスターバックスをはじめとする有名カフェチェーンの発祥の地であるが、そこからスピンアウトしたカフェが小規模なチェーンストアをやむを得ず作るケースもあるという。いずれにせよこのまちは、海に面し農地や森林に囲まれているので、ジビエを含めて豊富な食材に恵まれており、若いシェフたちがいわゆるノース・ウエスト・キュイジーンという野性味あふれる地産地消のレストランで腕を競っているのが頼もしいまちである。

その後自宅でマーガレット夫人に挨拶した後、再び街に繰り出し、このまち第一の名所に向かった。シアトルのメインストリートであるパイク・ストリートが海にぶつかる所に一九〇七年八月一七日創設されたパイク・マーケット・プレイスである。これは二〇〇七年に百周年を迎えたアメリカ最長の歴史を誇る公設市場である（図2・5）。その始まりは仲買人たちによる不当な中間搾取に腹を立てた農民たちが、ここの場所に荷車に載せた自分たちの生産物を持ち込み、直接消費者たちに売り出したことである。今でもこのマーケットのモットーは「生産者に会おう」という言葉である。

このことを可能にしたのは当時の大統領セオドア・ルーズベルトの独占禁止政策に共鳴

図2・4〈左〉——シトカ・アンド・スプルース
この店は食品のセレクトショップで、ワイン、ペイストリー、畜産品、乳製品などの地元産品のコーナーがあり、イートインとしてワインやランチなどを楽しむこともできるコンセプト。

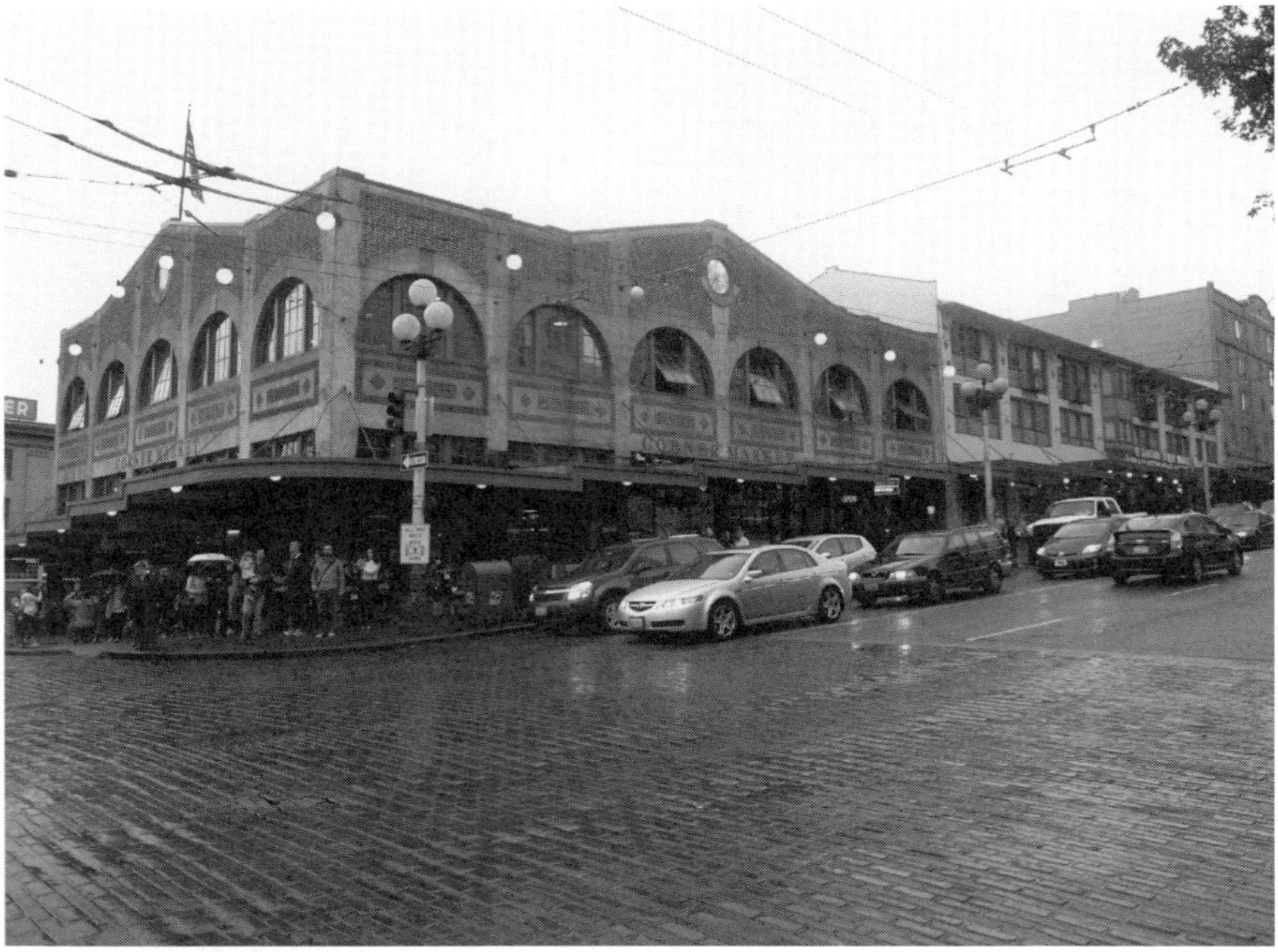

図 2•5〈上〉——パイク・マーケット・プレイス
いくつもの建物が複合されている。一見 2 階建てに見えるが、裏の海側は大きく下がっており、5 階建てぐらいになっている。

図 2•6〈中〉——パイク・マーケット・プレイスの魚屋
入り口正面は有名な魚屋。買い手が選んだ魚は、売り手が大声を挙げながら奥に控えるスタッフに投げて勘定するので、店内の雰囲気がおおいに盛り上がる。日本と同じ賑やかさで、マーケットのムードメーカーである。

図 2•7〈下〉——パイク・マーケット・プレイスの店舗
魚以外にも肉や野菜、花などの売場が奥に連なり、チーズショップやカフェも入っている。なかでも、スターバックスの 1 号店がここに開かれたことは有名である。夕方なので、いささかさびしい雰囲気。

した新人市会議員トマス・レヴェルで、彼は既得権を主張する他の議員たちを説得し、ここに市場を創設したのである。ここは湾内に散らばる島々からの小船や、海岸沿いに南北に走るウエスターン・アヴェニューを通ってくる荷馬車が集まるのに適した広い空き地があり、街の中心から少し離れていたので、市場の喧騒や悪臭の問題もなかったのである。

オープン初日は雨で、一ダースにも満たない荷馬車が並んだだけだったが、あっという間に何千人かの、主として女性たちが取り囲む事態になり、大騒乱の間に売り切れてしまった。こうして始まってやがて広い面積を占めるようになった市場には上屋が必要になり、これに出資したのがゴールドラッシュで大儲けをしたフランク・グッドウィンで、兄弟のエンジニアであったジョンの設計で現在地に月極め賃貸用の七六の売場を備えた建物を同じ年の一一月に建てた。

やがて、市当局も出資して隣接地に毎日抽選で借りられる売り場を備えた建物を一九一〇年に建てた。こうしてこの地区には次々に建物が立ち並び、現在では三〇棟を超えている。敷地は数階分の落差がある崖地にまたがっており、崖下に車両のアプローチを取り、崖上では町の中心部から歩行者のアプローチが取ることができる（図2・8）。崖下を南北に走るウエスターン・アヴェニューのさらに海側にはアラスカン・ウエイという高架バイパスが走っており、著しくウォーターフロントの景観を害している。この道路を地下に埋める計画が以前から推進されてきており、日本から海底トンネル掘削用の機器も購入しているが、歳入不足で工事は進んでいないという。これが完成すれば、このマーケットはウォーターフロントに立ち並ぶ埠頭上のレストランや水族館などと一体となり、年間一千万以上の観光客をひきつけているこのマーケットに一層の賑わいをもたらすであろう。

図2･8——パイク・マーケット・プレイスの海側
テナントスペースになっている。突き出しているのは海を眺めるレストラン。

しかし、この市場の最初の試練は一九四一年の日米開戦で、これにより、それまで農産物の六割を供給してきた日系農民たちが内陸にある他州に強制させられた結果、売り場は閑散としてしまった。終戦後は郊外住宅地の拡大や、スーパーマーケットの成長などによる競争力低下も重なって、市場は衰退し、さらに一九五〇年にはここを駐車場ビルに置き換える都市計画案も作成されるにいたった。そのうえ一九五三年には、前記アラスカン・ウエイが開通し、ウォーターフロントとの縁が切れ、このバイパス道路を拡幅すべきだという意見も出始めた。

しかし、これらの動きに果敢に立ち向かったのがアライド・アーツというアーバンデザイン活動家グループ、建築家で保存運動家のヴィクター・スタインブルーク、ロバート・アシュレイという弁護士たちで、彼らは一九六四年に「マーケット友の会」を発足させ一九七〇年にこの市場一帯の一七エーカー（六万八八〇〇平方メートル）をパイク・マーケット・プレイス歴史地区とする構想を提案した。彼らは指定区域を狭めようとするデベロッパー勢力との激烈な戦いの末、一九七三年に七エーカー（二万八三三〇平方メートル）の地域を国指定の歴史地区とすることに成功した。指定後、域内の建物は建築家ジョージ・バーソリックのコントロールのもと、修復、あるいは建て替えられて今にいたっている。そしてシアトル第一の観光地として、世界中から観光客たちを引き寄せているのである。ここには市場のほか、さまざまな店舗や高齢者住宅、低所得者向け共同住宅、その他多種多様の用途の施設が集まっている（図2・9）。

マーケット内に入ると、まずは威勢の良い魚屋に迎えられる。目の前が海だからだろうが、さまざまな魚が売られていて、客が品定めをして商談がまとまると、その魚をレジ担

図2•9——マーケットの街区
街区内には集合住宅なども併設されており、物販以外の用途も含めた複合施設として採算を立てている。

当者に放り投げるのが、この市場のお約束になっていて人気が高い（図2・6）。店内にはさまざまな食品が並べられているが市場の性格上、やはり午前中が勝負のようである。前述のとおり、この市場はさまざまな建物の集合体で、チーズショップや、カフェ、レストランなども各所に分散していて、迷路のような空間構成が多くの観光客を惹きつけている（図2・7）。わが国でも広く知られているカフェチェーンのスターバックスの第一号店はこのマーケットの中にある。この雰囲気はニューヨークのチェルシー・マーケットや、サンフランシスコのフェリー・ビルディング・マーケット・プレイスにも大きな影響を与えたに違いない。

マーケット・プレイスを見た高さんと私が最後に向かったのは、崖の下を走るアラスカン・ウエイをくぐった先にある旧埠頭の上に作られた巨大なシーフード・レストランのエリオット・オイスター・ハウスであった。入口を入ると長いカウンターの奥にさまざまな産地から取り寄せられたオイスターやハマグリなどが並べられていて、それを適当に選びながら地元のワインを飲んでいると、たちまち気分が大きくなり学生時代のように二人で飽食鯨飲の夕べを過ごしてしまったのである。印象的だったのはクマモトやミヤギなどというブランドのオイスターが高級品とされていたことであるが、これは種苗の産地であって実際にはウエストコーストの各地からもたらされているということであった。ニューヨークではイーストコーストのオイスターをむさぼり食べたが、クマモトはそちらでも人気の品種であった。辻さんによるとミル貝も美味しいらしい。むろんサーモンやトラウト、その他の地魚も美味しかった（図2・10）。

図2・10——旧埠頭のレストラン
桟橋の上にはレストランが並び、観覧車も設置されている。左は有名なシーフード・レストランのエリオット・オイスター・ハウス。右はピザショップ。

2・2 全米一住みたいまち――パール・ディストリクト

アメリカ西北部オレゴン州のポートランドは、人口六一万人、全米一住みたい人の多いまちにランキングされた都市として知られている。周辺都市圏を含めると人口は二一〇万を超え、そこにはナイキやコロンビアをはじめ、世界的に有名な企業が本社を構えている。このまちは豊かな森林に囲まれていることから、一九世紀の中頃からウイラメット川を利用した木材の搬出港として発展してきたが、その後、港はより外海に近いほうに移転し、水運に代わる鉄道もやがてハイウエイに取って代わられることになった。他の多くの都市と同じく第二次大戦後はしだいに衰退していったのであるが、一九七三年にトム・マッコール知事が「都市成長境界線（UGB）」という都市開発の線引き制度を導入し、コンパクトシティ化を法制化し、この年就任したニール・ゴールドシュミット市長が高速道路計画の中止と公共交通システムの導入により都心部の活性化を積極的に始めたことから、全米の注目を集めるにいたった。この市長は当選時三一歳で、きわめて人気の高い政治家で、のちにカーター政権の運輸長官に抜擢され、オレゴン州の知事も務めた。しかし、その後市長時代の未成年者淫行が発覚して失脚することになった。

ポートランドのまちづくりの中心となっているのは、一九五八年に発足したポートランド市開発局（PDC＝ポートランド・デヴェロップメント・コミッション）である。これは市長が選び市議会によって承認された五人の市民代表の理事により運営された機関で、

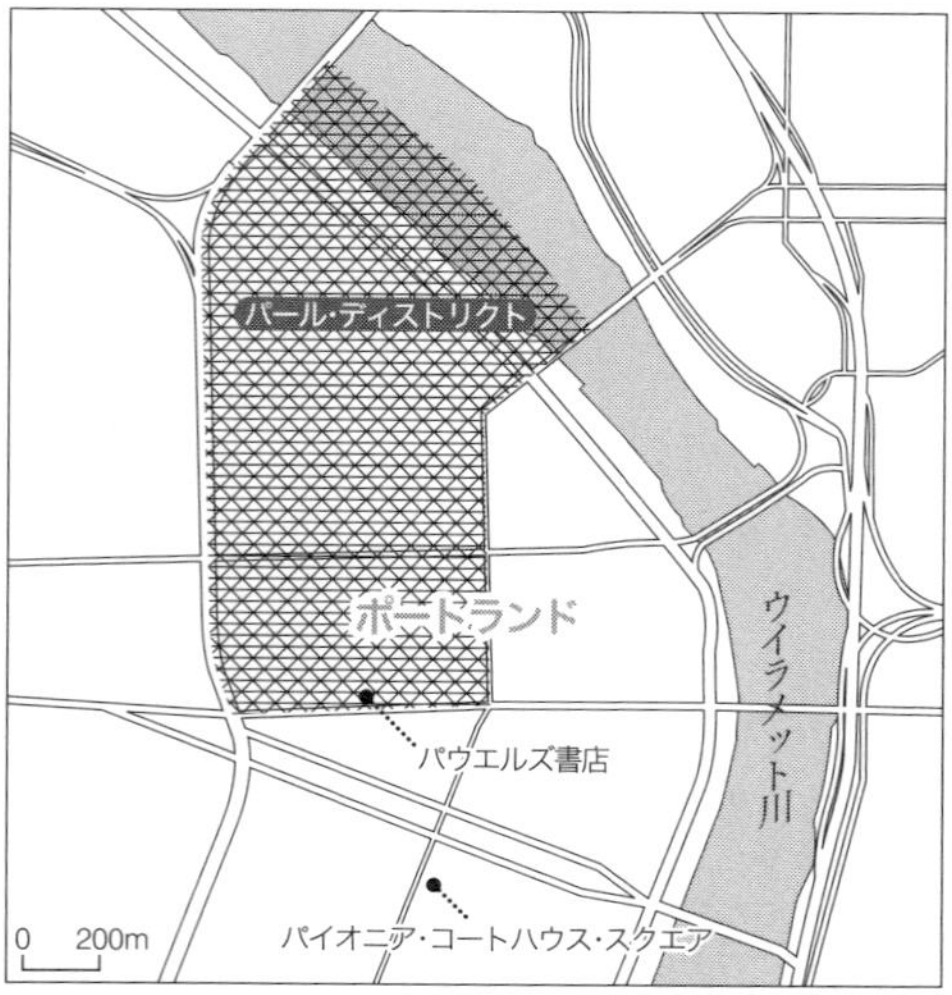

そこには、七つの地域に広がる九五のネイバーフッド・アソシエーションと四〇のビジネス・アソシエーションが属している。彼らは基本的に自分たちで資金を調達するTIFやBID、寄付金などにより事業を行っており、その成功が地域のエリア価値を高め、税収が増えることにより、地域が発展するというスキームを利用している。その予算は、二〇一四年度には日本円で二七〇億円に達している。この資金をもとに、彼らは公民連携事業を市当局とともに推進している。

このまちの中心はパイオニア・コートハウス・スクエアで、ここは公共交通のみが原則、通行が許されているトランジット・モールの中心でもあり、ここから、MAX（Metropolitan Area Express）と呼ばれるLRTや路面電車、バスによって市内どこへでも往来できるターミナルとなっている。もとは巨大なホテルの敷地であったが、のちに駐車場として利用されていたのを、前記ゴールドシュミット市長が広場を作るために買収し、一九八四年に完成した。ここではいつでも何らかのイベントが行われており、市民のリビングルームとして愛されている（図2・11、12）。

ここからLRTに乗って北上すると、かつては倉庫街だったが今、市内でもっとも人気の高くなったパール・ディストリクトに入る。この地区は一九〇〇年代初頭にはバーリントン・ノーザン鉄道の操車

図2・11〈上〉――パイオニア・コートハウス・スクエア
このまちの中心となり、市民のリビングルームとしてさまざまな行事に使われている。ここからLRTをはじめとするさまざまな公共交通機関を利用することができる。

図2・12〈下〉――低床式のLRT
空港までつながっており、きわめて便利。パスを買えば、乗り降り自由で気楽にどこへでも行ける。典型的なウォーカブル・シティである。

図 2・13〈上〉——緑あふれるパール・ディスクリクト
歩道に停まっているのは不動産業者の電気自動車。環境配慮をアピールしている。

図 2・14〈左〉——不動産屋の店先
不動産取引が非常に活発な地域のエリア価値は高い。市民は自分の資産の価値を高めることに非常に敏感で、そのためには投資を惜しまないところがある。流動性の高い社会では自己資産の再販価値の上昇を狙うのが当然の行為とみなされている。

図 2・15〈右〉——住環境の演出
リノベーションされた倉庫や工場の間に緑のプロムナードが走り、素晴らしい住環境を演出している。

場や貨物倉庫であったが、のちに使われないいわゆるブラウンフィールドになっていたところで、一九八〇年にようやく倉庫をアーティストのアトリエに使うというニューヨークのロフト・ブームを知った人たちがここを活用し始めた。やがて地元のデベロッパーのホイト・ストリート・プロパティーズが一四万平方メートルの土地を買収し、一九九七年に市との間で公民連携（ＰＰＰ）契約を締結し、再開発を始めることになった（図2・13）。

ポートランドの街区のサイズは他の都市の標準の半分の六一メートル角で、道幅も二〇メートルという細さで、基本的に両側の建物の高さも一〇メートル以下なので、とても親しみやすいスケール感でできており、元は倉庫や工場だった建物も、改装すればすぐにさまざまな用途に転用が可能だったのが幸いして、次々にギャラリーや店舗や集合住宅が立ち並ぶまちが出来あがっていった（図2・14、15）。この地区では毎月第一木曜日にファースト・サーズデイというイベントがまちを挙げて行われ、地区内のギャラリーが一斉にオープンにされ、路上ではストリート・ギャラリー・エキシビションが開かれる。そして車両閉鎖された路上では多くの人々が深夜まで互いの親交を深めているのである。

このような隣近所が親しくするようなコミュニティのあり方は、アーバン・ネイバーフッドと呼ばれ、このまち独特の文化となっている。さらに、独自の進化を遂げているのが、前述のＵＧＢの線引きにより保全された農地で、生産された農産物を毎日農家自身が持ち込んで消費者に売るファーマーズ・マーケットであって、これは市内各所で毎日交代に開かれていて、とくに有機野菜など、健康と環境を意識した市民が集まっている。また歩行者を重視するウォーカブル・シティには、カフェが付き物であるが、消費税のかからないこのまちは、よその都市に比べて外食する人が多く、安さを武器にした全国チェーンのフ

図2・16——大きなレタスのサラダ
非常に洗練されたソースで、思わずかぶりついてから写真を撮ってしまった。従来全然アメリカ人の味覚を信用していなかったのであるが、今回のアメリカ調査ではその変化に驚かされた。

アストフードよりは、地元の新鮮な食材を提供するレストランのほうが圧倒的に人気が高い。私もこの地区に最近できたレストランでランチをとったが、ソフトシェルクラブのオープンサンドウィッチとレタス四分の一玉丸かじりのサラダで二千円以下というアメリカにしては驚異的な低価格で、地元の名物を味わうことができた。とりわけ素晴らしかったのはレタスで、このランチの主役はこれだと実感した（図2・16）。

もう一つこの町で特筆すべきことは、ここに全米一の在庫を誇る独立系書店パウエルズがあることである。これは、一つの街区を占めるほど多くの建物群を改装した書店で、ジャンル別に塗り分けられた内部空間には木造の部分も多く、内部はまさにカラフルな知のラビリンスになっている。書棚には中古の本も新刊本と混ざって並べられており、絶版本にも出会うことができる。さらに素晴らしいのは、非常に親切なコンシエルジュがカウンターにいて、顧客の曖昧な質問に的確なアドバイスをして、目的の書棚まで連れて行ってくれることである。もちろん店内にはカフェがあり、ここで読書を楽しむこともできる。ここが子どもの遊び場もあり、ここに来れば一日を楽しく過ごすこともできる気がする。ここが独立系を誇っているのは、現在アメリカではバーニーズ&ノーブルという大規模書店チェーンが全国を席巻しており、地域の小規模の書店の大部分が姿を消してしまったという背景があるからだ（図2・17、18）。

私は鹿児島大学在勤中の二〇〇二年に、このまちのトランジット・モールの視察のために大学院生を派遣して調査させていたが、その頃はまだLRTは都心部に乗り入れておらず、交通機関はほとんどがバスであった。しかし二〇〇九年にLRTが都心に入り込み、国際空港から直接乗り込むことが容易になった。言ってみれば成田エクスプレスがそのま

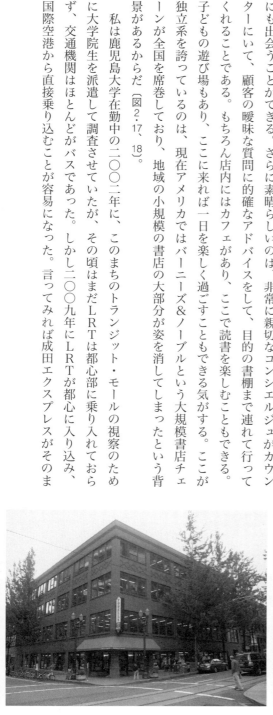

ま銀座の街角に乗り入れる感覚である。私もＬＲＴで空港まで往復してみたが、実に気楽に動き回ることができる。このようにコスモポリタンな皮膚感覚が、このまちに多くの才能ある人材を惹きつけ、ヴェンチャー・ビジネスを生みだしているのである。自由に生きることに一番の価値を見出して放浪を続けていたヒッピーたちが集まった町に、積極的に投資を続けて、住民税の負担も惜しまずエリア価値を高めてきた市民たちこそ、今その成果を享受して楽しんでいるのだと痛感した。

今回の旅では、滞在中のシアトルからボルトという格安のバスで往復したが、片道約三時間で十分まちの様子を見ることができたのは幸いであった。かつてボストンに住んでいた頃はニューヨークまで同じような距離をよく自分の車で往復したが、さすがに今回は革張りリクライニングシートでワイファイ自由の豪華なバスで送迎してもらうことにした。それでも料金は往復三千円強であったから実にリーズナブルである。ノースウエスト地方の森林を眺める旅はイーストコーストとは違い野性味にあふれており、晴れていれば有名なレイニア山なども眺めることができたであろう。

2・3　元祖リノベーション——フィッシャーマンズ・ワーフ

サンフランシスコは、人口八四万人だが、その周辺都市を含めた人口は七一五万人で、ロサンジェルス都市圏の約一八〇〇万人とは規模のうえでは比較にならない。しかし、ここはロサンジェルスと異なり、きわめて人口密度が高く、市内の公共交通網が完備してい

図 2・17〈前頁右〉——**人気のアートギャラリーやペーパーショップ**
住民の文化程度の高さが反映された趣味の良さが売り物になっており、多くの人々を全米から惹きつける。

図 2・18〈前頁左〉——**全米一大きな独立系書店・パウエルズ本店**
さまざまな部門ごとに別の建物に分かれており、1街区の中に広がっている。ここの特色は、絶版書の古本も新刊書と並べて売場の棚に置かれていることで、さらに入り口近くにコンシエルジュがいて、実に親切にこの迷路のような書店の中を案内してくれることである。内部には当然のように居心地の良いカフェもあり、ここで1日を過ごすことも可能である。

て、アメリカでももっともウォーカブルな美しい都市であり、世界有数の魅力的な観光都市である。また近郊には、シリコンバレーをはじめ、ベンチャー企業が多数立地しており、高所得者の市民が多い。このため家賃も高騰し、家族持ちには住めなくなっているという噂も聞く。

ここには元来原住民が紀元前から住んでいたのであるが、この地を最初に見た白人はメキシコにいたスペイン人のファン・ロドリゲス・カブリリョで、一五四二年アカプルコから出発してカリフォルニア沿岸地方を探索して、この地方の存在を確認したのである。一五七九年にはフランシス・ドレイクが初めてここに上陸した。しかし海岸の裏側に広がるサンフランシスコ湾の存在が知られたのは一七六九年のことだった。そして一七七六年には最初の定住が始まり、一八二一年にはメキシコがスペインからの独立を宣言し、その結果ここはメキシコ領となった。

一八四〇年代に入ると東部からアメリカ人がこの地方まで進出するようになり、一八四八年にはメキシコとアメリカの戦争が起こり、結果的にカリフォルニアとテキサスはアメリカ領に編入され、その後のゴールドラッシュのおかげもあって、順調に成長していった。ところが、一九〇六年四月一八日早朝に襲った地震により大火災が発生し、木造建造物の多かった都心部は三日間焼け続け灰燼に帰した。その後復興は進んだが、この震災はその後ロサンジェルスがカリフォルニア第一の都市となるきっかけとなった。災害見舞金は世界中から寄せられたが、そのなかでも日本は他の国からの義捐金の合計額を上回る額を贈っている。まちのマスタープランは、アメリカ人のワシントン・バートレット市長の依頼でアイルランド出身の測量技師ジャスパー・オファレルが作成したもので、起伏の多い地

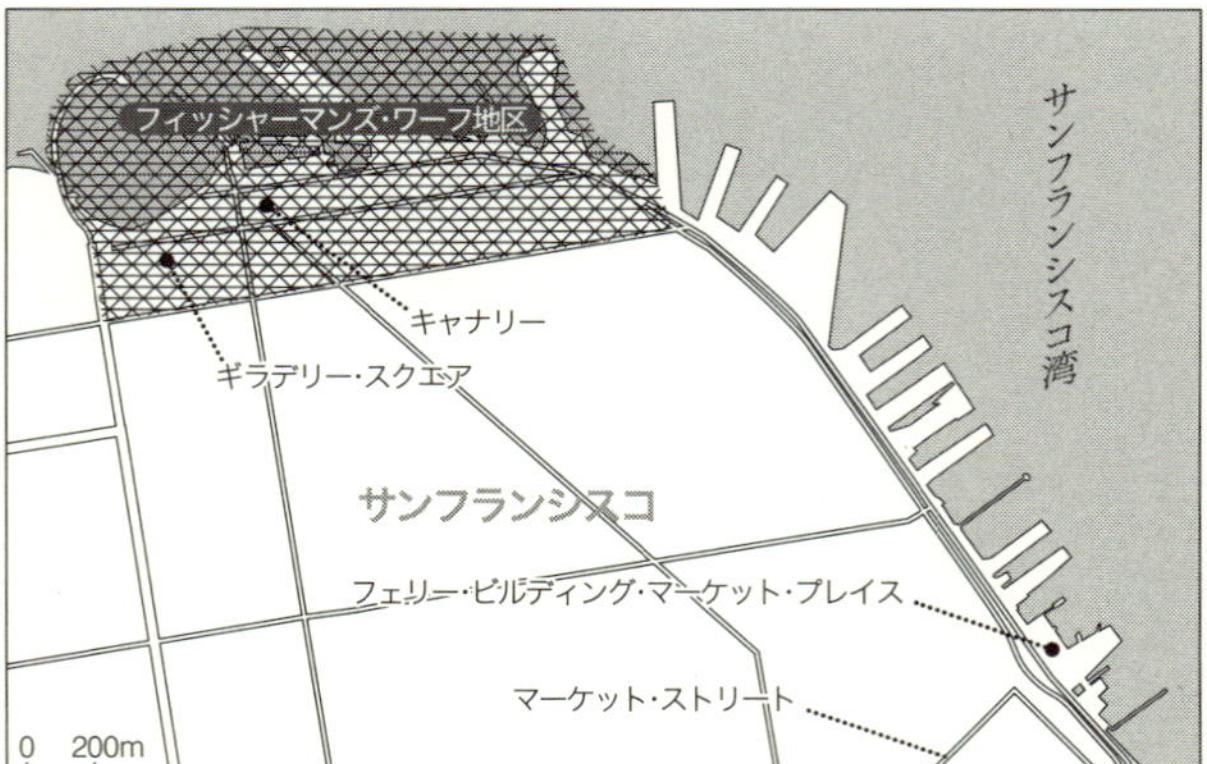

図 2•19〈上〉——ギラデリー・スクエア
サンフランシスコ湾に面した港のすぐ後ろにそびえる丘の斜面をうまく利用して、チョコレート工場の跡地をリノベーションしている。道路のコーナー部分から斜めにアプローチするデザインは、優れたランドスケープ・デザイナーのローレンス・ハルプリンによる。

図 2•20〈下〉——ギラデリー・スクエア
丘の頂上には小さな広場があり、その背後には工場をリノベーションしたコンドミニアムなどが建っている。手前にはチョコレートショップがあって、子どもたちが集まる。

形に関係なく適用されたグリッドプランは、現在にいたるまで踏襲されている。

サンフランシスコの伝説的なリノベーション・プロジェクトはフィッシャーマンズ・ワーフ地区にある、ギラデリー・スクエアとキャナリーであろう。ギラデリーはアメリカで名高いチョコレートのメーカーで、一八九三年にドミンゴ・ギラデリーが現在の敷地に本社工場を建てたが、一九六〇年代初頭にこの会社がマカロニ会社に買収され、本社工場は移転してしまった。その跡地がマンションになるのを惜しんだウィリアム・ロスとその母親ラーリーヌ・ロスの母子は一九六二年にこれを買収し、ランドスケープ・デザイナーのローレンス・ハルプリンを起用して全面的に改修して一見ヨーロッパの起伏に富んだヒル・タウンを思わせる複合施設を一九六四年にオープンした。さらに翌年ボストンなどで歴史的建造物の改修による商業施設を作り活躍していたベン・トンプソンが敷地内の他の建物も改修して新しい店舗が開かれた今は、ギラデリーのチョコレートショップなどが入っている。この建物は一九七〇年に近所にあるキャナリーとともにアメリカ建築家協会賞を受賞して歴史遺産の改修による保存と利用という新しいトレンドを全世界に発信した。一九八二年には国指定の歴史遺産に指定された。そして今でも、この広場には大勢の観光客や子どもたちが押しかけており、人気のスポットとなっている(図2・19、20)。

もう一つのキャナリーは、その名のとおり、缶詰工場のリノベーション・プロジェクトで、一九六七年にカリフォルニアを代表する建築家ジョゼフ・エシェリックの設計で完成した。元の建物は一九〇六年の震災で倒壊した港の施設の跡地に、後にデルモンテ社となる会社が本社工場として建てた巨大な建物で、一時は二五〇〇人もの労働者たちが働いていた。しかし、一九三七年に不況から閉鎖され、その後は倉庫などとして利用されていた

図2・21〈左〉——キャナリー
レンガ造の元缶詰工場。今は美術大学とさまざまな商業施設が混在した複合施設になっている。

図2・22〈次頁〉——キャナリーの変化に富んだ中庭
さまざまなレベルからここで行われるイベントを楽しむことができる。中央に建つのはガラス張りのエレベーターであるが独特な構造。

が、一九六三年に取り壊し計画があることを知ったレナード・マーティンがこれを惜しんで買収し、エシェリックに設計を依頼したのである。ギラデリー・スクエアはもとから丘の麓の斜面になった敷地を利用した階段状の広場が特徴であるが、起伏のないキャナリーは巨大な建物の内部にオリーブの巨木を植えた長い道のような広場を作りだし、それを取り囲む回廊や、オープンになったエレベーターなどの舞台装置で素晴らしい空間演出を行っている。この二つの広場を内包したリノベーション・プロジェクトが世界に与えた衝撃は劇的なもので、七〇年代初頭アメリカに留学した筆者もまずは、この広場を訪れて感激した思い出がある。しかし、キャナリーには現在アートアカデミー大学が入居しており、現在の時点では楽しい祝祭的雰囲気があまり感じられないのが残念である（図2・21、22）。

このどちらも、民間人が取り壊されそうになった工場や倉庫の価値に気づき、そこを活用することを決意したことから生まれたプロジェクトで、その後の世界のまちづくりの流れをスクラップ・アンド・ビルドからリノベーションの方向に転換させたエポックメーキングなモニュメントとして、このまちでまず訪れるべきスポットと言えよう。

2・4　港のグルメ街——フェリー・ビルディング・マーケット・プレイス

サンフランシスコのダウンタウンのメインストリートと言えるマーケット・ストリートには、ミュニバスという市バス、ミュニメトロという路面電車、そしてバートという空港やオークランド方面につながる電車が走っているが、その道が海に突き当たる所に高さ七

三メートルの時計台の付いた長さ二〇〇メートルのフェリー・ターミナルが建っている。この建物は一八九八年にペイジ・ブラウンというニューヨークのマキム・ミード・ホワイト事務所出身の建築家の設計で建てられ、その後一九〇六年や一九八九年の大地震にも耐えてきた。当初は鉄道もここに来ており、サンフランシスコ湾内の各所を結ぶフェリーの往来は盛んで一日の利用者数は五万人にもなったが、一九三六年にベイブリッジが開通し、翌年にゴールデンゲート橋が開通すると、フェリーの必要性が少なくなり、一九五〇年代にはこの建物はターミナルとしてはほとんど利用されなくなって、港湾関係のオフィスが入居する建物に改修されてしまった。さらに一九五七年にはこの建物の街側正面を二層構造のエンバーカーデロ・フリーウエイが走るようになって、かつてはサンフランシスコの誇るランドマークであったこの建物は、まったく目立たなくなってしまった。ところが一九八九年一〇月一七日夕方に起きたロマ・プリータ地震により、対岸オークランドで二層式高速道路の倒壊があったことから、前記フリーウエイは取り壊され、フェリー・ターミナルは再び街側に姿を現すことになった（図2・23）。

一九九八年に行われた公開再開発事業コンペの結果、サンフランシスコ市は最終的な事業者と建築家のチームを決定し、二〇〇三年に既存の建物を最大限活かし、当初の建物の特徴であった建物中央の長い吹き抜け回廊が復元された新しいコンセプトの食品マーケット・プレイスが誕生したのである（図2・24）。一階の長い回廊の両側には、地元バークレイに伝説のレストランのシェ・パニースを開き、一九七〇年代から全米に広がる食の革命を

図2・23——ダウンタウンのランドマークとなっているタワー
手前はもとの鉄道ターミナル駅舎。当時はニューヨークまでつながっていた。

図 2・24 ——復元されたフェリー・ビルディングの長いギャラリー
土曜日の朝早くでもすごい賑わい。それぞれに個性のある店が選び抜かれている。

引き起こしたアリス・ウォーターズが選定した数十の地元を中心とした有名食料品店や、カフェ、レストラン、書店などが入居し、栈橋側のスペースはオープン・カフェスペースになり、南側の空き地や街側の前面広場では近郊の農家が週に三回集まりファーマーズ・マーケットを開いている（図2・25）。このマーケットにインスピレーションを与えたのはパリの街角のマルシェ、ロンドンのハロッズ、ミラノのペックやシアトルのパイク・マーケット・プレイスである。吹き抜けを見下ろす二階から上の階には港湾局をはじめ、オフィスが入っている。なお改装にあたってはさまざまな技法によって、オリジナルの建物にあったボザール的な装飾なども復元している。こうしてこの建物は国指定の歴史遺産に登録されることになった。

私が訪れた土曜日の朝、店内はものすごい混雑で、有名カフェのブルーボトルカフェには長い行列ができ、フレッシュなキノコの専門店、園芸雑貨のガーデナー、中国の茶館や、日本原種の鶏肉専門店、生産牧場を選べる牛乳店、ワイナリーの直営店などを巡っていくと、あっという間に半日が過ぎてしまう楽しさである（図2・26）。各種の賞を受賞した建物のデザインも素晴らしく、栈橋からのサンフランシスコ湾の眺めも比類ないもので、この施設の再生によってサンフランシスコ市が得たものはきわめて大きかったと言える。

2・5 住宅地のリノベーション——バークレイのグルメ街

アメリカ西海岸の有名都市のシアトル、ポートランド、サンフランシスコに共通するも

のは多いが、とりわけ際立っているのは新しい食文化であろう。前者二都市ではノース・ウエスト・キュイジーンという海産物や野生動物やキノコなどを多用する料理が特徴的であるのに対し、サンフランシスコでは地元産のオーガニックフードを中心としたヘルシーな食材とワインを中心としたカリフォルニア・

図 2・25〈前頁右〉――**ファーマーズ・マーケット**
建物の周りには近郊の農家が農産品を持ち込むファーマーズ・マーケットになっている。常連客が待ち構えているようだ。

図 2・26〈前頁左〉――**フェリー・ビルディング**
まさしくヨーロッパの町なかのマーケットの雰囲気が出来あがっている。

図 2・27〈上〉――**シェ・パニース**
カリフォルニア・キュイジーンの伝道師アリス・ウォーターズのレストラン。28 日前から予約受付である。

キュイジーンというメニューが特徴的である。両者に共通するのは、配合飼料や農薬を多用する大農場による大量生産の農産物や、工場で大量に生産される人工調味料を多用したファストフードの否定である。そして、こういう食文化をこの地方に生みだしたのがサンフランシスコ近郊の学園都市バークレイにあるレストラン、シェ・パニースのオーナー・シェフのアリス・ウォーターズである。

一九四〇年ニュージャージー生まれの彼女はカリフォルニア大学バークレイ校（UCB）でフランス文化を学んだが、在学中フランスに渡り、自炊するうちにフランス独特のマルシェで食材の魅力に目覚め、さらにそれを使った料理に目覚めた。ここで彼女は食材とはたんに食べるものではなく、それにまつわる生活様式であるということを悟ったのである。彼女はこのような思想を抱いて、当時ベトナム反戦運動が盛んだったバークレイに戻ったのであるが、さっそくその仲間たちに料理を振る舞い、高い評判を得るようになった。大学を出た後、彼女はロンドンのモンテッソーリ学校で教え、そののちトルコに渡って、やがてフランスに戻った。トルコで出会った貧しい少年からは食べ物を分かち合うという小さな親切を施され、後にレストランを開くモチベーションを抱き、フランスではライフスタイルを含めてそこにあるすべてを吸収してバークレイに戻ったのである。

彼女は一九七一年にシェ・パニースを作ったが、それは地元の素材を使った料理で友人たちをもてなすというコンセプトであった。名前はマルセル・パニョル原作の自伝映画の登場人物から借りたという。やがて彼女が気に入った食材がすべて有機栽培あるいは有機飼育されていることを知り、そのような食品の供給者のネットワークを作り、そこから仕入れた食材による料理を提供するようになった。彼女は別に社会正義のためにそれを始め

図2・28〈左〉――グルメゲットーの店
朝早くから大賑わい。以前は住宅街だったが、次々にカフェなどにリノベーションされている。

図2・29〈次頁〉――グルメ街の裏に広がるUCBの農場
学生や研究者たちがさまざまな農作業と授業を行っている。新しい食文化がここから生まれた。

たわけではなく、たんにそれが美味しいから使ったにすぎないが、やがて有機食品が環境に与える影響が少ないことを含めてその多面的意義を知り、現在ではオバマ夫妻にホワイトハウス内に有機野菜の畑を作らせるほどの影響力を持つにいたった。

彼女はモンテッソーリ学校で子どもたちが料理の仕方を教わっていたことを思い出し、最初はバークレイ市の学校教育に食育のカリキュラムを組み込む活動を行っていたが、現在では全米にその活動を広げている。また、彼女は二〇〇二年にイタリアのカルロ・ペトリーニが創設した国際スローフード協会の副会長に就任している。

彼女の多彩な活動の本拠地シェ・パニースはサンフランシスコのダウンタウンからバート鉄道で三〇分ほどのバークレイ駅から北上するシャタック・アヴェニューに面しているが、きわめて控えめな店構えで、この地方独特の板張りの素朴な作りになっている(図2・27)。しかし特筆すべきことは、この店が面しているアヴェニューの両側には、シェ・パニースOBのシェフが始めたレストラン、七〇年代からここにあった従業員たちが経営するチーズボード・コレクティブというチーズやパンの店、アルフレッド・ピーツの経営するピーツ・コーヒー&ティーの店などの老舗のほか多数のカフェ、レストラン、ワインショップ、食肉店、ギャラリー、工芸店、宝飾店、ブティック、アンティークショップなどが立ち並び、あたかも、パリの北マレ地区で現在

進行中のグルメ街のモデルのような街並みを形成しているのである。この一帯は事実グルメゲットーと呼ばれている（図2・28）。つまり、何の変哲もなかった郊外の住宅地が、食の伝道師の力によって大きくリノベーションされたということである。

さらに付け加えると、このアヴェニューの裏側にはUCB付属の広大な農業試験場が隣接しており、そこでは学生たちが有機栽培や、新しい営農方法の研究などを行っている（図2・29）。ノーベル賞受賞者を七〇人以上輩出しているUCBの存在はこのまち全体の雰囲気を支配しており、バート駅周辺のダウンタウンには数多くの関連施設が立ち並ぶ一方、学生たちが集うカフェなども多く、アカデミズムと一体となった独特の雰囲気を醸しだしている（図2・30）。

サンフランシスコのダウンタウンからわずか三〇分で来られる別天地で美味しいものを食べる喜びを味わってもらいたい。グルメゲットーでは毎週木曜日午後にファーマーズ・マーケットが開かれるほか、さまざまなイベントが常に催されているのでホームページでチェックすると良い。

図2・30——ジュピター
バート鉄道のバークレイ駅前のビアカフェ。バークレイの学生たちが先生と一緒に中庭で地ビールを楽しんでいる。

3章　イギリスの動き

北アイルランド
ニューキャッスル
北海
マンチェスター
アイリッシュ海
アイルランド
シェフィールド
イギリス
セント
ジョージ海峡
ロンドン
ブリストル海峡
リッチモンド
フランス
イギリス海峡

英国の街並みというと、シャーロック・ホームズに出てくるようなレンガ造りの建物が並ぶ歴史的な街並みを思い浮かべる人が多いのではないだろうか。あるいは、コッツウォールズに点在する美しい村々かもしれない。しかし、いち早く産業革命を成し遂げた英国は、その後、田園都市を生みだし、さらに、第二次大戦後は著しい住宅不足の解消のために近代建築による集合住宅団地を意欲的に建設し、大規模なニュータウンをいくつも建設するなど、煉瓦造りの歴史的な建物だけではなく、さまざまな建築資産を抱えている。しかし、古いものにより価値を見いだす英国人の気質からか、一般に歴史的な建物は人気があり、古い建築をリノベーションして使用し続けることは珍しいことではない。現在ある住宅の約二〇%が一九一九年以前に建てられ、そうした住宅の七五%が建てられてから一回以上は大規模なリノベーションを行なっており、さらに、四三%は増築などを行なっているとの統計もある。

こうした歴史的な建築資産は、住宅のみに限られない。産業革命により社会構造を大きく変化させ、その後のヴィクトリア朝期には、日の沈まない帝国とよばれるようになった英国の都市には、大規模な倉庫や工場などが多く建設された。それと同時に、鉄道の発展により、駅舎、そして、人々の移動の増加や社会活動の変化にともないホテルや公衆浴場といったレジャー施設など、さまざまな建物が建設されるようになった。しかし、第二次大戦後、英国では産業構造の変化から、多くの都市部にある工場や倉庫などの建物が閉鎖され、使われないままに放置されていた。こうした産業遺産を、住宅などに改装する事例が一九八〇年代から徐々に増えていったが、そのなかでも代表的なものはバトラーズ・ワーフの開発であろう。テームズ川沿いにある長年にわたり放置されていた倉庫群を、タワーブリッジを望む景観が楽しめるロフト風の高級マンションへとコンバージョンし、さらに、レストランやバー、商業施設を組み込むことにより、魅力的な新たな都市環境を作りだし、再開発を成功させた。しかし、ロンドン市内には、使用されないままに放置され、荒廃していった産業遺産も少なくない。

産業遺産同様に、多くの地方自治体が、頭を悩ませている建築資産としては、戦後に大量に作られた公営住宅団地がある。第二次大戦後の住宅不足解消のために建設された公営住宅団地は、その多くが、建設コストの削減や建設工期の短縮のために、プレファブ工法や、モジュール化した住宅工法を採用していた。建設当時は、新しい時代に向けた住宅の形として、国の内外から高く評価されていたが、完成から五〇年経った現在、団地内での犯罪など社会問題の増加や、建物の劣化など、社会的、物理的な問題を抱える公営住宅団地は、英国国内においては珍しくない。

近年、こうした都市部における長年にわたり使われていない産業遺産や、問題を抱えた公営住宅団地などを積極的に活用し、リノベーションによって再開発する事例が現れ、その手法が注目されている。環境問題、とくに、環境共生型の開発が重要視される昨今の英国において、都市部の再開発においても、既存の建築資産をできるかぎり再利用し、その可能性を最大限に引き出す手法はたいへん注目されている。また、こうした開発が都市部における街の歴史を受け継ぎ、現在あるコミュニティを深める手法としても利用されていることにも注目すべきであろう。

本章では、こうした英国における既存の建築資産を活用した都市部における開発の現状を、ロンドン、マンチェスターそしてシェフィールドの開発例を通して探る。

3・1　ユーロスター直結の巨大複合駅——キングス・クロス／セント・パンクラス

ロンドン中心部の北東にあるキングス・クロス駅は、ロンドンの北の玄関として知られている。キングス・クロス駅はイギリス北東部の都市、ヨーク、ニューキャッスルを通り、

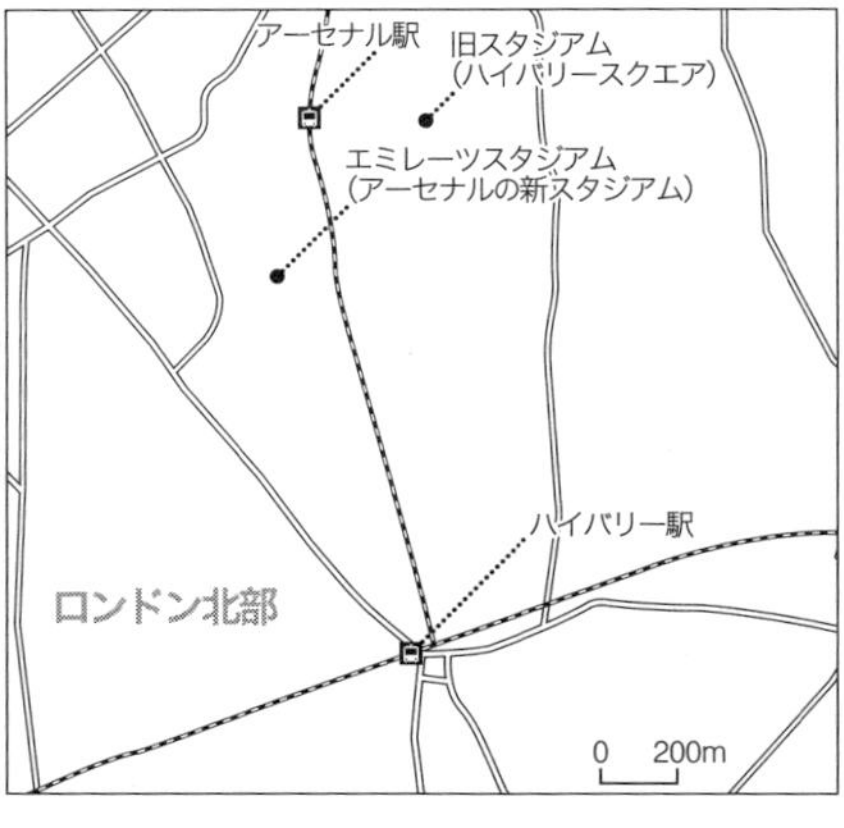

エジンバラそしてアバディーンへと向かうロンドンとスコットランドを結ぶ大動脈の始発駅であり、この路線を毎日走る特急電車はフライング・スコッツマンと呼ばれ、第二次大戦中でさえも一日たりとも止まることのなかったといわれる鉄道大国イギリスの誇りの象徴でもある。近年ではハリーポッターに出てくる魔術学校、ホグワーツへの始発駅としても知られ、多くの観光客を集めている。そして、キングス・クロス駅の西側、道路を挟んで向かい側にはシェフィールドなどイギリス中部への鉄道の始発駅であるセント・パンクラス駅がある。一九世紀、ヴィクトリア王朝期に建設されたセント・パンクラス駅はジョージ・ギルバート・スコットによってゴシック様式で設計されたホテルを併設した豪奢な駅舎であったが、一九三五年にホテルは閉鎖され、路線もシェフィールドなど限られた都市に向かう線のみとなり、ロンドン市内の駅舎のなかでは比較的目立たない存在であった。しかし、一九九六年にユーロスターの駅がウォータールー駅からセント・パンクラス駅に移動することになり、キングス・クロスとセント・パンクラスの両駅はロンドンのヨーロッパへの新たな玄関にふさわしい駅として改装がすすめられた（図3・1）。

キングス・クロスとセント・パンクラス両駅の改装において注目すべきことは、歴史的建造物である両駅の歴史的魅力を最大限に引き出す形で改装が行われたことであろう。煉瓦造の大きな二重アーチと時計塔で構成されたキングス・クロス駅の正面ファサードは、一九世紀のイギリスの経済力にふさわしい力強いものであったが、その前面に券売所や事務所、商店などの入る平屋建ての増築を一九七二年に行い、長い間、正面ファサードの全容を見ることはできなくなっていた。今回の改装では、タクシー乗り場や駐車場などに使われていた駅の西側に新たなホールを建設、前面にあった駅の入り口を、駅西側に移動さ

図3・1〈左〉——**改装された二つの駅**
左奥がセント・パンクラス駅。右手前がキングス・クロス駅。

図3・2〈次頁〉——**セント・パンクラス駅2階のユーロスターのプラットフォーム**
すぐ脇にはオイスターバー。高級ホテルも同じフロア。

せることにより、七〇年代の駅正面の増築部分は取り除かれ、一九世紀の建造当時の正面ファサードが前面からすべて見られるようになった。

同様に、セント・パンクラス駅も、南側正面にある盛期ゴシック様式のホテルと二階に位置するユーロスターのためのプラットフォーム、そして、そこにかかる鉄骨アーチ構造のガラス屋根は建造当時の姿のまま残され、さらに、長い間閉鎖されていたホテルは、建造当時の盛期ゴシック様式の内装を保ちつつ、最新の設備を備えた五つ星ホテルとして、再びオープンされた。ホテルの二階、プラットフォームに面したエリアには、開業当時の雰囲気を保つバーとレストランをオープン、さらには、プラットフォームのすぐ脇にはシャンペンバーを配置、ユーロスターの発着を眺めながら飲み物が楽しめる。ここに座れば、かつての英国の鉄道黄金時代の古き良き雰囲気を満喫できる（図3・2）。

かつては倉庫などとして使われていたセント・パンクラス駅の一階部分は、事務所や、発券所、さらに、ユーロスターの乗客のための改札口、待合室などとして整備され、むき出しの鋳鉄の柱とレンガのアーチの構造が、インテリ

アの一部として効果的に使われている。さらに、一階部分の地下鉄入り口からユーロスターの改札の間には、ユーロスター利用客のために高級店やレストランの入るショッピングモールが作られた。レンガのアーチの連なるファサードが、ショッピングモールと統一感をだし、歴史的な雰囲気と高級感をかもしだしている。また、モールには二カ所の吹き抜けがもうけられ、二階のプラットフォーム脇のオイスターバーや、ホテルのバーやレストランがあるエリアとエスカレーターや階段で行き来できるようになっていると同時に、視覚的にも一階のプラットフォームエリアとつなげ、駅の雰囲気を効果的に地下に伝えることに成功している（図3・3）。

セント・パンクラス駅は、二〇両編成のユーロスターのために既存のプラットフォームを延長、駅北側に増築を行い、キングス・クロスの西側に作られた新たな中央入り口の向かい側、既存の駅舎と北側の増築部分の間に、新たな入り口とホールを建設した（図3・4）。そして、タクシー乗り場や地下鉄の入り口は二つの駅が共用する形でその間に設けられ、キングス・クロス駅とセント・パンクラス駅をつなぐ新たな広場となった（図3・5）。さらに、その広場の北側にあり、第二次大戦後閉鎖されたまま使われていなかったホテルがリノベーションされ、昔ながらのインテリアを売り物にしたクラシック・ホテルとして開業。バーやレストランなども備え、宿泊客だけでなく、一般客や駅の利用者にも人気を集めている。さらに、キングス・クロス駅の北側の、かつての操車場や倉庫群のあるエリアは、長年にわたり使用されないままに放置されていたのだが、現在、オフィスや、レストラン、住宅、さらに、大学などを含む大規模な再開発がすすみ、二つの駅舎に挟まれた広場は、開発のすすむ駅北側エリアへの入り口としても位置づけられている。隣同士であり

ながらとくにつながりのなかった二つの歴史的な駅舎を整備することにより、歴史的な建物のリノベーションを建物にとどめることなく街へと広げていく手法は、再開発の手法としても興味深い。

3・2　ヨーロッパがターゲット——キングス・クロス・プロジェクト

かつて、スコットランドやイギリス北部からの貨物や、石炭が運び込まれたキングス・クロス駅の北側には、操車場や、倉庫がならび、そのエリアは二七ヘクタールにもおよんだ。近辺には、鉄道や倉庫で働く労働者のための住宅や、パブやレストラン、そして廉価な宿泊施設から高級ホテルまで、さまざまな旅行者のための施設が立ち並ぶ活気のあるエリアであった。しかし、第二次大戦後、鉄道も蒸気機関車から電気機関車へと変化し、さらに、車や飛行機など輸送手段の多角化や、産業構造の変化にともない、これらの倉庫や操車場は徐々に使われなくなるようになり、一九七〇年代にはその多くが使われないままに放置され、荒廃化していった。広い空間を活かし、倉庫をナイトクラブや、芸術家のためのスタジオなどに使う方法も模索されるが、抜本的な解決策は見つからず、そして、使われず荒廃したエリアの影響は周りにも及び、一九八〇年代には、キングス・クロスの周辺は、麻薬や、性犯罪などの多くの社会問題にも悩まされる地域として知られるようになっていた。

こうした状況に大きな変化をもたらしたのは、一九九六年にユーロスターの駅を、ロン

図 3•3〈前頁右〉——**セント・パンクラス駅の構内**
1階にはショッピングモール。その奥には国内路線のプラットフォーム。2階吹き抜けの脇ではパスポートチェック。

図 3•4〈前頁左〉——**キングス・クロス駅のコンコース**
セント・パンクラス駅側の広場から入るよう増築された。

図 3•5〈右〉——**両駅の入り口**
左側がセント・パンクラス駅の入り口。右側がキングス・クロス駅の入り口。間の広場の奥は仮設のイベント会場。

ドン・ウォータールー駅からキングス・クロス駅の直ぐ脇にあるセント・パンクラス駅に移動させることが決定したことによる。この決定を受け、キングス・クロス駅とそれに付随するエリアの所有者であるロンドン・アンド・コンチネンタル・レイルウェイと都市部の大規模開発を専門とすることで知られる民間の開発業者、エクセルがこのエリアの開発計画を決定。二〇〇六年には都市計画申請を提出し、二〇〇七年には建設工事が始められた〔図3・6〕。

このプロジェクトでは、事務所や商業施設、さらに学校や住宅など、さまざまな用途が一つのエリアに混在するコンパクトシティを目指している。さらに、今回の開発において注目すべきことは、エリアのアイデンティティを保つために、倉庫や、操車場の建物など、さまざまな工業遺産がリノベーションされ、用途の違う建物としてできるかぎり再利用されることである。今回の開発では、全体で約七〇棟の建物が計画されているが、そのうち三〇%近くが、既存の建物のリノベーションとなっている。

その代表的なものは、かつての倉庫をレストランや、店舗、オフィス、そしてロンドン芸術大学のキャンパスとして再開発したグラナリー・ビルディングであろう。一八五一年に建てられたグラナリー・ビルディングは、キングス・クロス駅を設計した建築家、ルイス・キュビットによって設計された駅に付随する倉庫と集配所である。六階建ての倉庫と、その後ろ側の鉄道の支線に沿って建設された、貨物の取り扱いのための二棟の細長い低層の建物から構成される建物の中庭部分に、新たにアトリウムを増築、そして既存の建物をリノベーションすることにより、この建物は、オフィスや、レストラン、そして五千人の学生のためのロンドン芸術大学のキャンパスの入る複合施設として生まれ変わった〔図3・

図3･6〈右〉——**キングス・クロスの現地案内所**
テーブル型のプレゼンツールが設置されており、画面を切り替えながら詳しい説明を受けられ、豪華なプレス・キットを渡された。

図3･7〈次頁上〉——**グラナリー・ビル**
巨大穀物倉庫のグラナリー・ビルはロンドン芸術大学のキャンパスとして改装され、その前の広場はオープンカフェやイベント会場として使われている。

図 3・8〈下右〉**――旧駅舎のリノベーション**
グラナリー・ビルの裏側にあった旧駅舎も大学のホールとして使われている。

図 3・9〈下左〉**――オフィス街背後の運河**
運河沿いにはオフィスビルが立ち並び、巨大駅裏とは思えない静かな環境である。

7)。この大学はロンドン市内にあった六つの国立芸術カレッジが統合されたもので、とくにファッションデザインの世界では名門であるそうだ(図3・8)。
このプロジェクトでは、ユーロスターの駅に隣接し、パリやブラッセルまで二時間足らずで行ける地の利があり、イギリス北部のヨークやリーズ、さらにはスコットランドまでも直接行け、そしてロンドンの金融の中心であるシティまでもタクシーで一〇分足らずという条件のもと、イギリス国内だけでなく、ヨーロッパを含めた市場を対象にしていることは注目すべきであろう。そして、歴史的な建物をリノベーションし、ロンドンの歴史ある雰囲気を保ちつつ、コンパクトシティや環境共生型の開発を目指し、さらに、芸術大学を誘致することにより、創造的な環境を作りだすなど、さまざまな付加価値を付けることにより、より多くの投資を呼び込もうとしている。すでに完成しているオフィスビルなどはかつて水運を担った運河に面したウォーターフロントのメリットも享受している(図3・9)。実際、こうした環境を気に入ったグーグルは、ここにヨーロッパ本部の建設を決定、現在、その設計が進んでいる。そして、グーグルの進出により、こうした動きはさらに加速し、現在、ロンドンの新たな創造的なビジネスの集まる場所として、もっとも注目されるエリアとなっている(図3・10)。

3・3 サッカー場を高級コンドミニアムへ——アーセナル・スタジアム

現在、イギリス国内のサッカー・リーグは、衛星放送を通じ世界中に放送され、絶大な

図3・10——開発地域内の新築工事
レンガ造既存建物やガスタンクのリノベーションと合わせて学校や集合住宅の新築工事も進んでいる。

人気を誇っているが、そうした有名なチームも、もとはイギリス国内に七千近くあるといわれる地元のコミュニティで始まったサッカーチームの一つであり、世界的に有名になったチームであっても、地元のコミュニティとサッカーチームの関係は深い。

ロンドン北部、ハイバリーに本拠地をおくアーセナルは、もとは王立兵器工場（アーセナルとは兵器工場の意味）の労働者によるサッカーチームによって始められた。その後、プロのチームとなり、一九一三年から、ハイバリーにあるアーセナル・スタジアムを本拠地としていた。しかし、第二次大戦後、アーセナルがサッカーチームとして成功するにつれ、住宅街の中にある競技場は充分な観客席もなく、他のクラブに比べサッカースタジアムの大きさが充分でないことがたびたび話題になってはいたが、近年、プレミアリーグにおける成功などによりアーセナルが世界的なサッカークラブとなると、観客席の充分にある近代的な設備を備えた新たなサッカー競技場が必要なことは自明のこととなった。しかし、ロンドン北部の一九世紀から二〇世紀初めにかけて建てられた二階建ての長屋の続く住宅地の中に位置し、敷地いっぱいに建てられた競技場はこれ以上増築することもできず、さらに、住宅地の中に位置することによる高度・容積制限の厳しさといった条件を考慮した結果、サッカークラブは、現在の競技場を売却、現在の競技場の最寄り駅であるハイバリー駅の近くに、新たな敷地を確保し、現代的な競技場を建設することを決めた。アーセナル・サッカー・クラブは、二〇〇六年にハイバリーの駅の近くに、新しいスタジアムを建設、そして、古い競技場は開発業者に売却された。

競技場の再開発はロンドンの設計事務所、アリース・アンド・モリソン・アーキテクツによって設計された。七二五戸の住宅と、スポーツクラブ、保育園、商業施設からなる開

図 3･11 ——アーセナル・スタジアム
コミュニティ・クラブのサッカー場として建てられたが、有名チームになって近所に大きなスタジアムができて、空き家となったものを改装して高級コンドミニアムにした。

発は、地元コミュニティとアースナルのファンへの配慮が求められた。開発にあたり、北側と南側のスタンドは取り壊されたが、メイン・エントランスがあり、アールデコ様式で建てられていた西側と東側スタンドの外観と、内装の一部は保存された。こうして、地元のシンボルとして親しまれ、アーセナル・クラブの本拠地のシンボルであったアールデコ様式のスタンドを残すことにより、アーセナル・クラブとともに築き上げられ、地元のコミュニティやファンに親しまれたまちの雰囲気を保つことに成功している（図3・11、12）。

また、建物内部の、中央ホールやそこにあるアーセナルの名マネージャー、チャップマンの胸像、さらには、選手が控え室からグランドに向かう時に通るトンネルなども、新しい建物に組み込まれて保存されている。そして、かつてのサッカー・グラウンドは、新たに住民のための緑豊かな中庭として整備された（図3・13）。中庭の一部はアーセナルファンのメモリアルガーデンとしてデザインされた。二〇〇九年に完成した開発は、英国内で数々の賞を受賞するなど評価も高いが、それと同時に、英国各地にある、市街地に取り残され老朽化するスポーツ施設の新しいリノベーションの方法を示唆するプロジェクトして評価されている。

3・4　新しいビジネスの胎動――ホクストン・スクエア

アートによるまちづくりや、アートをつかった都市の再開発としては、英国ではニューキャッスルが有名である。川沿いの一九世紀に建てられた倉庫や製粉所を改装した美術館を中心として、アートと産業遺産を活用した都市再開発を成功させた。同じような試みは他の都市でもされているが、そうした試みがすべてにおいて成功しているわけではない。イギリス中部の都市、シェフィールドは、街の活性化の一環として補助金を基にポップミュージックのための博物館を建設、一九九〇年代に開館した博物館は、町おこしと、雇用の創出を目的に、シェフィールド市によって運営された。しかし、この博物館は一年後の二〇〇〇年に、入場者数の不振から閉鎖され、市はその開発と運営に対し、市民からの厳しい批判にさらされた。このような事例は他にも英国国内にあり、公的な補助金を基に施設の整備から始めるアートを使った街の開発が、必ずしも成功するわけではないことを示している。しかし、こうした開発に対し、近年、新たな動きが出てきている。その代表的な例はロンドン東部のショアディッチにあるホクストン・スクエアにおける変化であろう（図3・14）。

近年、日本の雑誌などでも紹介され、若い芸術家の集まるファッショナブルな地域としてガイドブックなどでも必ず取り上げられているショアディッチに、大きな変化が起きたのは、ここ一〇年ぐらいのことであることはあまり知られていない。かつて、ロンドン東部、ショアディッチのあるホックニー地域は、ロンドンの金融街、シティに隣接する地域であり

図3・12〈前頁〉――**シンボルの保存**
スタンドの遺構をできるだけ遺している。

図3・13〈右〉――**アーセナル・スタジアム中庭**
元のフィールドは庭園として利用。

図 3・14 ——ホクストン広場

図 3・15 ——国立サーカス芸術センターというサーカス訓練を中心とした複合施設
背後に巨大な旧火力発電所の建物があり改装された。

ながら、昔ながらの下町として労働者階級のための住宅が多く集まり、ロンドンのなかでは、比較的貧しい地域として知られていた。

そのなかにあるホクストン・スクエア（ホクストン広場を囲むように建てられた中層の建物に囲まれた一角）は、一九世紀に建てられた集合住宅や、オフィス、倉庫などが並ぶエリアであったが、その多くが長い間使われず、放置されたままになっていた。しかし、一九九〇年代、地元の不動産開発業者であるグラスハウス・インヴェストメント社が使用されずに放置されていた建物をアーティストのスタジオとしてリノベーションし、貸しだしたことでこの地域の変化が始まる。ロンドン市内としては比較的安い賃料と、自由な雰囲気にひかれ、徐々にアーティストが集まりだし、さらに、そうした自由な雰囲気に惹かれた若者たちが、さまざまなビジネスを始め、広場に面した放置された建物を、アーティストのスタジオやオフィス、店舗などに次々にリノベーションし、地域は徐々に活気を得ていった。

また、同時期に、サーカスの曲芸師や道化などのパフォーマンス・アーチストのための国立サーカス芸術センターがホクストン・スクエアのすぐ裏側にある、旧火力発電所に居を構えることが決定。長年使われずに放置されていた一九世紀に建てられた発電所の建物をリノベーションし、その活動を始めた。現在では、ヨーロッパにおけるトップクラスのサーカスのパフォーミング・アートのための教育機関となり、さらに、近年では、近くにあるホックニー・カレッジと提携して、サーカスのパフォーミング・アートの学位の取得できる英国内で唯一のコースも運営している。そして、週末や夜には、施設内のスタジオを、若い芸術家や小劇団などに貸しだし、定期的な演劇やダンスの公演も行われ、若者や

図 3・16——インキュベーションセンターとしてのショアディッチ・ワークス

芸術家など、既存の演劇やパフォーマンス・アートに飽き足らない人たちの多く集まる場となっている（図3・15）。こうして、人が集まるようになると、レストランや、バー、ナイトクラブなどもオープンし、昼間から、夜まで、常に人の集まるエリアとなった。そうしたなか、二〇〇〇年にはホワイト・キューブと呼ばれる現代美術ギャラリーが、一九二〇年代に建てられたアールデコのかつてのピアノ工場の建物にオープン。有名現代アーティストの作品を扱うギャラリーとして成功することにより、ホクストン・スクエアはロンドンの現代アートの中心としても人気を博すようになる。

この地域の発展で注目すべきことは、町の発展のためのアーティストや若い企業家を手助けするための仕組みが大きな役割を担っていることであろう。最初に見たアーティストのためのスタジオもその一つであるが、現在、その代表的なものは、ＩＢＭがスポンサーとなって運営されているショアディッチ・ワークスと呼ばれる、ビジネスを始めたばかりの若者のための支援施設であろう（図3・16）。ホクストン・スクエアの中心に位置するこの施設では、若者たちの起業を支援するための、共同オフィスや、会議室、展示場などなどさまざまな設備を提供、そして、異種のビジネスを始めた若者たちが同じ場所で働くことにより、意見を戦わせたり、アイデアを共同で考えたりなど、新しい流れを作りだしている。このように、アーティストの活動やビジネスの育成を支援することにより、持続可能な形で街を活気づける手法は、先に見た補助金による開発とは一線を画すものであり、今後の都市の再開発の重要な手法を示唆するものであろう。

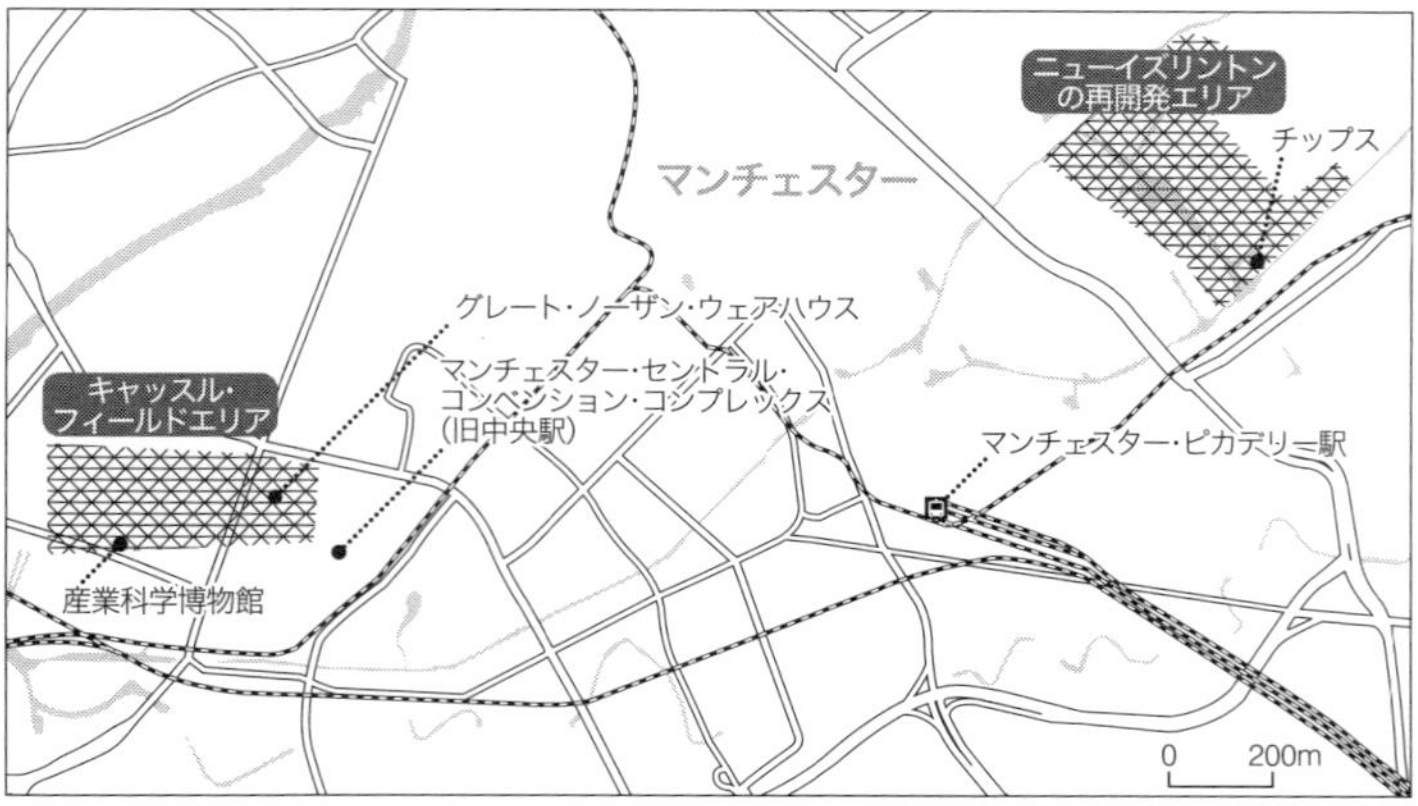

3•5　デザイン主導の再開発——キャッスル・フィールドとニュー・イズリントン

北イングランドの中心都市であり、産業革命の中心地であったマンチェスター市内には、一九世紀に建てられた重厚な建物が多く残され、かつてのマンチェスターの豊かさを偲ばせる街並みを形作っている。そのなかでも、街の西部に位置するキャッスル・フィールドと呼ばれるエリアは、かつての駅舎や、倉庫、さらに工場などの産業遺産をリノベーションし再開発することにより、新たな都市環境を作りだしていることで注目を集めている。

まちの中心からキャッスル・フィールドに向かって歩いていくと、まず目に飛び込んでくるのは、かつてのマンチェスター中央駅を再利用したコンベンション・センターである。英国で二番目に長い六九メートルのスパンのアーチ構造を持つマンチェスター中央駅は、一八八〇年に開業、かつてはロンドンや、リバプール、シェフィールドへの路線の発着駅として栄えていたが、一九六九年の全国的な鉄道路線の統廃合により駅は閉鎖され、その後、長い間使用されずに放置されていた。しかし、一九八二年に、コンベンション・センターとしてリノベーションされ、コンベンションやエキシビジョン、さらには、コンサートなどにも利用されるようになり、さらに、二〇〇八年には大規模な改装を行い、現在では、英国内でも最新の設備を備えたコンベンション・センターとして、世界的な展示会なども行われる場所となっている。そして、駅に付随していたグレート・ノーザン・ウエアハウスと呼ばれる巨大な倉庫も、駅の閉鎖にともない、長い間放置されていたのだが、ショッピング・センターと複数のスクーンを持つシネマ・コンプレックス、駐車場などを含む複合

図 3•17——グレート・ノーザン・ウエアハウスのリノベーション

レジャー施設としてリノベーションされ一九九八年にオープンしている（図3・17、18）。

コンベンション・センターを過ぎて、さらに歩いていくと優雅な外観の一九世紀に建てられた鋳鉄造の屋内市場が現れ、その先に産業科学博物館の大きなサインが見えてくる。ここは、世界で初めての鉄道路線であるリバプール・マンチェスター間のマンチェスター側の始発駅であり、世界でもっとも古い鉄

図3・18〈右上〉――**グレート・ノーザン・ウエアハウス側面**
側面は長大な商業施設に改装されている。

図3・19〈右中〉――**産業科学博物館**
19世紀の鋳鉄とガラスの建築はイギリスやフランスで流行した。

図3・21〈右下〉――**アーバン・スプラッシュが行ったキャッスル・フィールドのリノベーション**
アールデコの倉庫に鉄骨造の建物を増築して集合住宅とした。

道の駅として知られていたマンチェスター・リバプール・ロード駅があった場所である。一九七五年に駅が閉鎖された後、マンチェスター市が駅舎や操車場を購入、その近辺の使われなくなっていた倉庫などを含めて博物館へと改装したものである。さらに、隣接する屋内市場の一部も博物館として改装され、その広いスペースを利用して、航空機の展示スペースとなっている。博物館は、航空機や蒸気機関車などのコレクションの豊富さでも人気であるが、それとともに、世界で初めての駅舎や一九世紀の倉庫などを保存活用し、かつてのマンチェスターの雰囲気が味わえる場ともなっている（図3・19）。

そして、キャッスル・フィールドの中心となるのは、産業科学博物館の先に広がる、運河沿いのかつての倉庫や工場が並ぶエリアである。ここでは、一九世紀に建てられた倉庫や工場の建物がリノベーションされ、オフィスや店舗、集合住宅など、さまざまな用途に再開発されている。そして、運河沿いや、鉄道の高架下等の公共空間にも、野外劇場や、遊歩道などが整備され、また、運河沿いにはレストランやパブがオープンするなど、産業遺産を効果的に再利用したエリアとして人気を博すようになっている（図3・20）。

そうしたキャッスル・フィールドにおいて、マンチェスターを拠点に活動する民間デベロッパーであるアーバン・スプラッシュによって開発されたエリアは、ひときわ注目を集めている。アーバン・スプラッシュは、荒廃した産業遺産など、通常のプロジェクトでは取り壊されてしまうような物件を、斬新なアイデアとデザインでリノベーションし、蘇らせることで有名になったデベロッパーである。この会社は一九九三年に不動産の専門家であるトム・ブロクサムと建築家のジョナサン・ファーキンガムによって設立され、現在までに三〇〇以上の建築関連の賞を受賞している。キャッスル・フィールドの西側、運河沿

図3・20〈前頁下〉**――キャッスル・フィールドの運河沿いのエリア**
イギリスでもフランスでも19世紀には水運が鉄道と共存していたので、マンチェスターには運河が各所に残っている。幅が細く長いナロウボートと呼ばれる船で暮らしたり、旅したりする人が多い。

図3・22――アーバン・スプラッシュによる公営団地の開発事業
ニュー・イズリントンでも運河をうまく使って倉庫を集合住宅にリノベーション。

いのエリアでアーバン・スプラッシュが行った一九世紀のレンガ造りの倉庫や、一九二〇年代に建てられたアールデコの倉庫のリノベーションを中心に進められたプロジェクトはとくに興味深い。アールデコの倉庫にガラス張りのモダンな増築棟を加えたり、その向かいに、近未来的なオフィスを建てたりし、あるいはリノベーションを行った歴史的な建物の横に、デザイン性の高い近代的な集合住宅を建てるなど、リノベーションや建築保存という枠にとらわれず、デザイン性の高い開発を進めることにより、歴史的な文脈に新たな意味を加え、興味深い都市環境を作りだしている（図3・21）。

同じく、アーバン・スプラッシュがマンチェスター市内の公営団地で進める開発事業も、デザインを都市再開発に結びつけようとする意欲的な開発である。マンチェスター市の東側に位置するマンチェスター・ピカデリー駅の裏側は、倉庫街や公営住宅団地が広がり、その交通の便の良さに反して、比較的治安の悪い地域として知られていた。その公営住宅団地の再生事業として進められているニュー・イズリントンのプロジェクトは、一九七〇年代に建てられた既存の高層の集合住宅や、低層の長屋住宅の多くを残しつつ、一部の集合住宅の建て替えを通して、団地全体の再開発を進めようとする試みである。建て替えられた集合住宅には、低所得者向け住宅だけではなく、一般向けの分譲集合住宅も含め、ソーシャルミックスを目指した新しいコミュニティの創造を意図している。さらに、運河や、運河を旅するボートのための停泊所など、マンチェスターの運河の魅力を高めるような公共空間を整備、そして新しい病院や学校も計画されるなど、外部からも人の集まるまちづくりを目指している（図3・22）。建て替えられ

た住宅は、イギリス的な伝統的な工法や外見にとらわれることなく、住民参加のデザインによって、モダンなオランダ風のデザインが採用されたりしている一方、イギリス人の建築家、ウィリアム・オルソップによる、チップスと名づけられた大胆なデザインの八階建ての住宅やオフィスなどの混合用途の建物が建てられるなど、アーバン・スプラッシュの得意とするデザイン性の高い開発で現代的な都市空間を実現している（図3・23）。また、チップスの一部にはファブラボが入るなど、プロジェクト全体としてデザインを地域の発展に結び付けようとする意欲が見て取れる（図3・24）。

3・6 瀕死のまちを救うリノベーション団地――パークヒル住宅団地開発

アーバン・スプラッシュによる開発の一つとして、近年、とくに注目を集めているのは、イギリス中部の都市、シェフィールドにある、かつての公営住宅団地を再開発したパークヒル住宅団地であろう。シェフィールドは、かつて鉄鋼のまちとして栄え、炭坑のまちとしてイギリスの経済を支えてきた、イギリスの中核都市の一つである。一九六〇年代に、労働者階級向けの住宅不足の解消のために、シェフィールド市は市の南側にある街の中心を見下ろす丘の上に、大規模な集合住宅、パークヒル住宅団地の建設を行った。コンクリート造による中層の住宅団地は、シェフィールド市の建築課によって設計され、空中歩廊など当時の集合住宅計画における最新のアイデアを取り入れた、未来に向けた新しい集合住宅の形の提案が国の内外で高く評価された。しかし、一九七〇年代の後半には英国にお

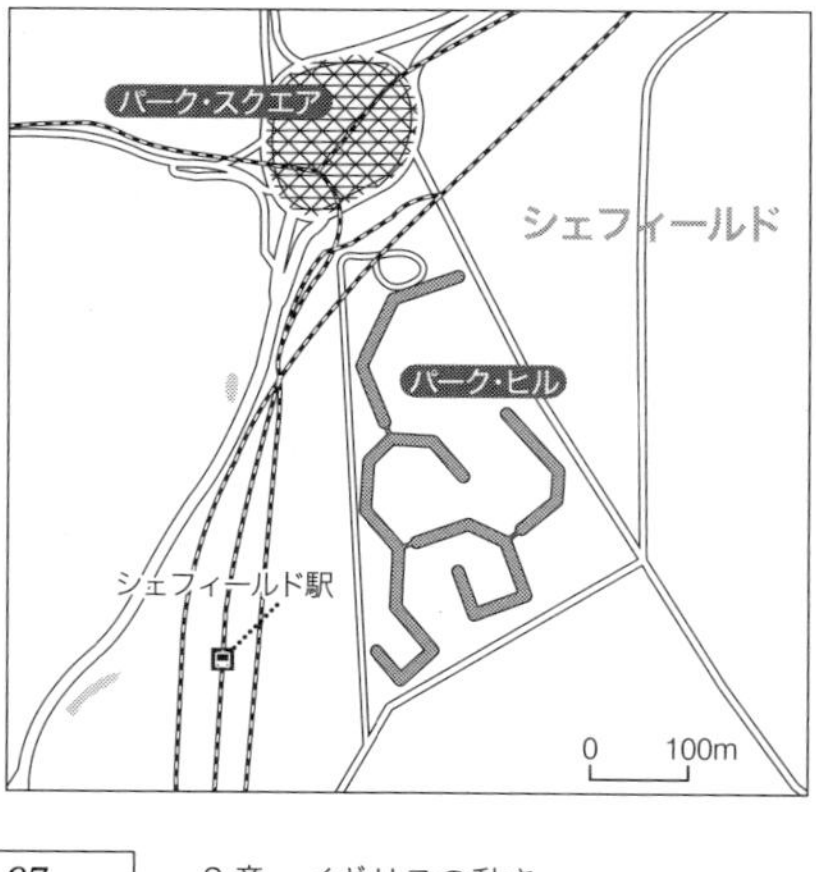

図3・23〈前頁右〉――**チップス**
ウィリアム・オルソップ設計のコンドミニアム。フライドポテトを重ねたようにも見える。

図3・24〈前頁左〉――**チップス1階のファブラボ**
責任者のマイケル・ウォルシュ氏は産業革命発祥の地でものづくりをすることの意義を熱く語ってくれた。意気投合して記念撮影。

ける景気の後退、さらにシェフィールドの産業構造の変化による失業率の増加と、このまちをめぐる環境も大きく変わってくる。景気の後退による社会不安の増加により、パークヒル団地での犯罪率も上昇して大きな社会問題となる。それと同時に、打ち放しコンクリートやプレキャストパネルの劣化など、建物自体の問題も加わり、完成から二〇年余りの後、新しい集合住宅の形として内外から賞賛されたこの住宅団地は、物理的、社会的な問題を抱える公営住宅団地へと姿を変えていった。さらに、こうした公営団地に共通した問題として、維持管理の問題もあげられる。とくに規模の大きなパークヒル団地を管理するシェフィールド市には、その費用が大きな負担になりつつあった。

パークヒル住宅団地における問題解決の契機となったのは、この住宅団地が六〇年代の公営住宅団地として先進的なデザインであることの歴史的、社会的価値を認められ、建築保存の対象として登録されたことであった。そこで、シェフィールド市は、中央政府の都市部再開発の仕事を手がける省庁の一つイングリッシュ・パートナーシップと共同で、開発を企画、現在ある建物を保存しつつ民間との共同で開発する手法を選択し、事業コンペの結果、アーバン・スプラッシュが開発主体として選ばれることになった。

アーバンス・スプラッシュは、既存の建物をリノベーションし、分譲住宅とソーシャルハウジングを中心に、医院、保育園、商業施設、レジャー施設などを含める計画を提出した。かつて、公営住宅しかなかった団地内に、分譲とソーシャルハウジングと形態の違う住宅を混在させることにより、ソーシャルミックスを提案し、さらに商業施設を呼び込み、雇用の創出を計るなど、シェフィールドの荒廃の象徴であった団地を、魅力的な都市空間に変えることを提案した。ロンドンに本拠地をおく設計事務所であるホーキンス／ブラウ

図 3•27 ——パークヒル住宅団地、改修前の空中歩廊
かつては一般に開放され、誰でもアクセスできるデザインであったが、改装後はセキュリティのため、住民のみがアクセス可能な空間へと変えられる。

図 3•25〈上〉——パークヒル住宅団地
左側の住棟は完成し、すでに住民が住んでいる。右側は工事中で 2015 年に完成予定。

図 3•26〈下〉——パークヒル住宅団地、第一期メイン・エントランス
入り口部分は吹き抜けが作られ、吹き抜けを抜けて自由に中庭に出られるようデザインされている。吹き抜け横にはメイン・エントランスが設けられ、そこから新たに設置されたガラス張りのエレベーターにのって上階へ移動するようになっている。

ンとスタジオ・エグレット・ウェストによって設計されたリノベーション計画は、既存の建築の特徴をできるかぎり活かしつつ、最新の建築基準に合致させ、さらに現在の生活にフィットする新たな住居空間が模索されている（図3・25、26）。パークヒル団地の六〇年代の設計におけるデザインの中心ともいえる空中歩廊は、セキュリティーの確保のため、かつてのように一般に開放された空間とはせず、住民のみがアクセスする仕組みに変えられた（図3・27）。しかし、もとの住戸のデザインと同様に、両面採光の構成が守られ、また、空中歩廊に面した住戸の窓は、セキュリティとプライバシーの確保を配慮したデザインとなった。また、手すりや窓のデザインも、既存のデザインをできるかぎり踏襲するなど、過去と決別するのではなく、過去のデザインを継承するものとしている（図3・28）。そして、既存のデザインのように、できるかぎり、コンクリートの躯体がむき出しの構造とするために、躯体のフレームのなかに、アルミのパネルがはめ込まれるデザインが採用された（図3・29）。外部空間は以前と変わらず一般に開放され、さらに、商業施設も組み込まれ、シェフィールドに新たな都市空間をもたらすことを意図している。

開発工事は敷地北側、街の中心にもっとも近い部分から始められ、第一期から第五期工事に分けて開発が計画されている。第一期の工事は二〇〇七年に始められ、まず最初に外壁、内壁を取り払い、コンクリートの躯体のみに戻されたあと、躯体のコンクリートの補修が行われた。躯体の補修が完了した後、アルミのパネルで構成された外壁パネルが躯体にはめ込まれ、新たな住戸のための工事が始められると同時に、第一期工事の外構工事も始められた。

二〇一二年春には第一期工事の一部が完成、1LDK、および2LDからなる七八戸の

図3・28――パークヒル住宅団地、改修前の住棟
第二期工事以降の住棟も、すでに住民がほぼ立ち退き、改修工事の開始を待っている状態である。

住戸が供給された。五六戸が分譲住宅として売り出され、残りの二六戸は低所得者向けのソーシャルハウジングとして提供された。分譲価格は九万ポンドから一五万ポンドで、これは一般的なシェフィールドのマンションの価格帯からはかなり高価な部類に属するが、すべて完売している。さらに、現在も残りの第一期工事が進められており、二〇一五年の完成を目指している。完成するとさらに一七八戸が提供されることとなる。そして第五期工事までのすべての開発が完了すると、八七九戸の住戸が提供され、そのうち約二四〇戸はソーシャルハウジングとなる予定である。

六〇年代の集合住宅建築のデザインの保存に、歴史的、社会的な重要性があるとの認識のもと、その特徴であるデザインを残しつつ、現代の生活スタイルに合った建物へと変化させる手法は、近代集合建築の保存、そしてリノベーションという両方の観点から、今後の日本においてもおおいに参考になるであろう。

図 3・29 ——コンクリートのフレームと中にはめ込まれたパネル構造の外壁

3・7　戦後集合住宅団地再生の新しい流れ——オルトン住宅団地開発

ロンドンの南西部、テームズ川沿いに位置するリッチモンドは、世界的に有名なキュー王立植物園やロンドンで二番目に大きいリッチモンド公園があるなど緑あふれるロンドン郊外の高級住宅街と知られている。そのリッチモンド市内からリッチモンド公園を挟んで反対側に、一九五〇年代に開発されたロンドン市の公営住宅団地、オルトン住宅団地がある。オルトン住宅団地は東側のオルトン・イースト地区と、西側のオルトン・ウエスト地区に大きく分かれるが、当時のロンドン市の建築課によって設計され、一九五八年に完成したオルトン・ウエスト地区は近代集合住宅団地の名作として名高く、また、後の近代建築によるイギリスの戦後集合住宅デザインの方向性を決定づけた開発として重要である。オルトン・ウエスト地区の集合住宅団地は、コルビュジェの近代建築の原則をもとに設計され、マルセイユのユニテ・ダビタシオンと同様に、ピロティによって持ち上げられた板状集合住宅を中心に、一二階建ての塔状住宅や低層住宅などが、起伏のある敷地に効果的に配置されている（図3・30〜32）。それぞれの建物は、コンクリート構造の柱や梁がむき出しになり、コンクリート仕上げのままのプレキャスト・コンクリート・パネルが外壁に使われている。こうした建築様式は、ブルータリズムと呼ばれ、イギリス戦後建築の大きな流れとなっていくのだが、オルトン住宅団地はイギリスにおけるブルータリズムの初期の建築であり、また、ブルータリズムによる建築が大規模な形で実現された事例として意味が深い。また、コルビュジェによって提唱された近代建築の原則をもとに設計された集合住宅団地としては、当時のヨーロッパにおける最大規模であり、完成とともに新たな集合住宅団地の形として世界中から賞賛された。

しかし、完成から六〇年が経過し、イギリス内にある多くの公営集合住宅団地と同じく、さまざまな物理的、社会的な問題が指摘されるようになった。六〇年前の基準で建設された住宅は、現在の標準的な住宅に比べ広さも充分ではなく、また、環境共生という観点からも、建築性能が著しく劣っていた。また、団地内での軽犯罪や失業などの社会問題の増加も指摘されたが、これは公営住宅団地として低所得者層の多く集まる地域となり、住宅団地が周辺の地域から孤立していることが問題であると考えられた。オルトン住宅団地を

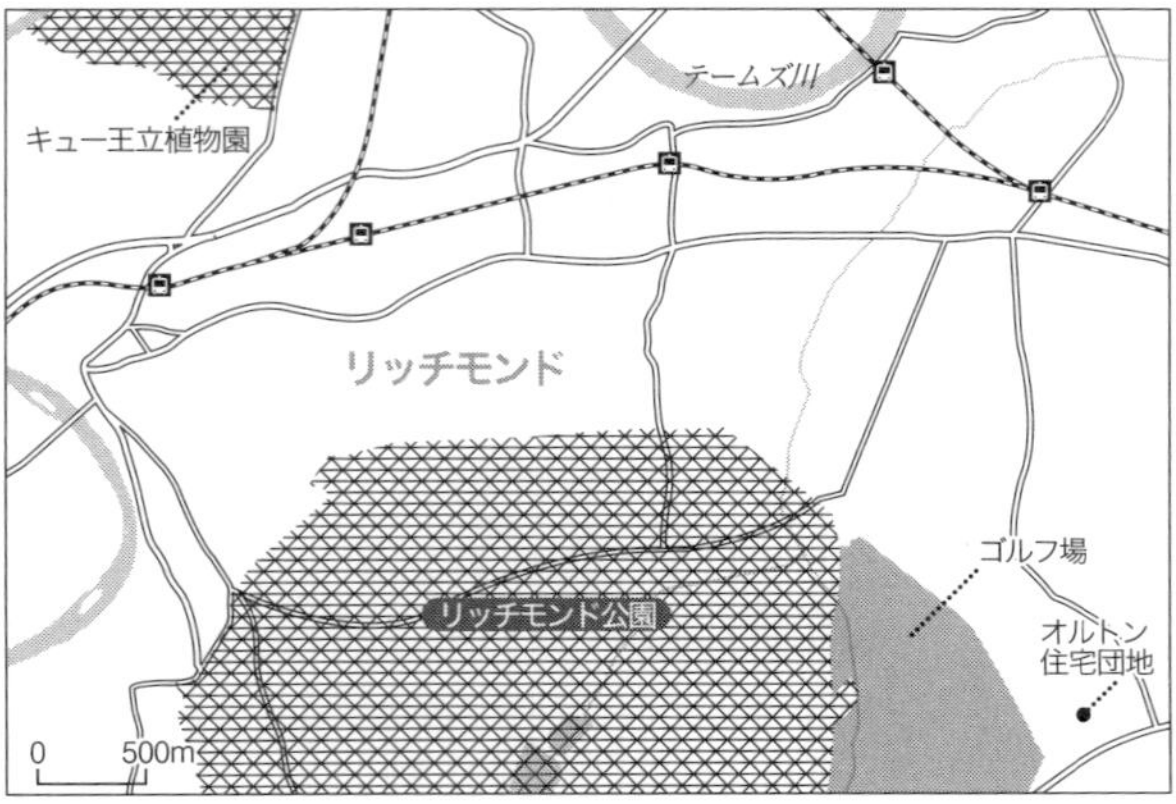

図 3・30〈上〉——オルトン住宅団地
ル・コルビュジェのユニテ・ダビタシオンをモデルにしたピロティで支えられた住棟がなだらかなスロープの上に立ち並ぶ。

図 3・31〈下左〉——オルトン住宅団地
プレキャストパネルの塔状住宅。

図 3・32〈下右〉——オルトン住宅団地の低層住宅

管理するロンドン市のワンズワース区は住宅団地の再開発の方向性を探り、さらに、住民との協議を重ねた結果、二〇一四年に開発の最終報告書とマスタープランを議会に提出、二〇一四年一一月議会によってその報告書は承認され、具体的な開発がいよいよ進むこととなった。

スタジオ・エグレット・ウェストが中心となりまとめられたマスタープランでは、現在の住宅性能から著しく劣っている低層住宅の一部は建て替えられ、団地中央に人の集まる広場を新たに設け、さらに、住宅団地の周辺の地域とのつながりを高めるようなランドスケープデザインにより周辺地域からの孤立を防ごうとしている。そして、建て替えの一部を分譲住宅にすることによりソーシャルミックスを目指すなど、さまざまな試みが提案されている〔図3・33〕。

しかし、そのなかで注目すべきことは、オルトン住宅団地の象徴でもあるピロティのある板状集合住宅や塔状住宅を、戦後のイギリスの住宅史における重要な建物であると位置づけ、オルトン住宅団地の象徴として残し、その価値を再開発に結び付けようとしていることであろう。戦後の住宅不足解消のために大量の集合住宅団地を建設してきた英国にとり、団地の再生事業は大きな課題であり、現在まで、さまざまな手法が試みられてきた。しかし、現在、シェフィールドのパークヒル住宅団地やオルトン住宅団地の再開発など、こうした戦後に建てられた集合住宅の歴史的価値を再確認し、その価値を再生に結び付けようとするあらたな流れがあらわれている。戦後に建設された集合住宅団地が、建設されてから半世紀近く経つ現在において、その価値を客観的に見ることにより、開発の新たな視線が生まれているのではないだろうか。

図3・33——スタジオ・エグレット・ウェストのリノベーション案
低層住宅に商業施設を入れ、緑地のスロープをイベント会場にするなどの提案。

4章　パリの動き

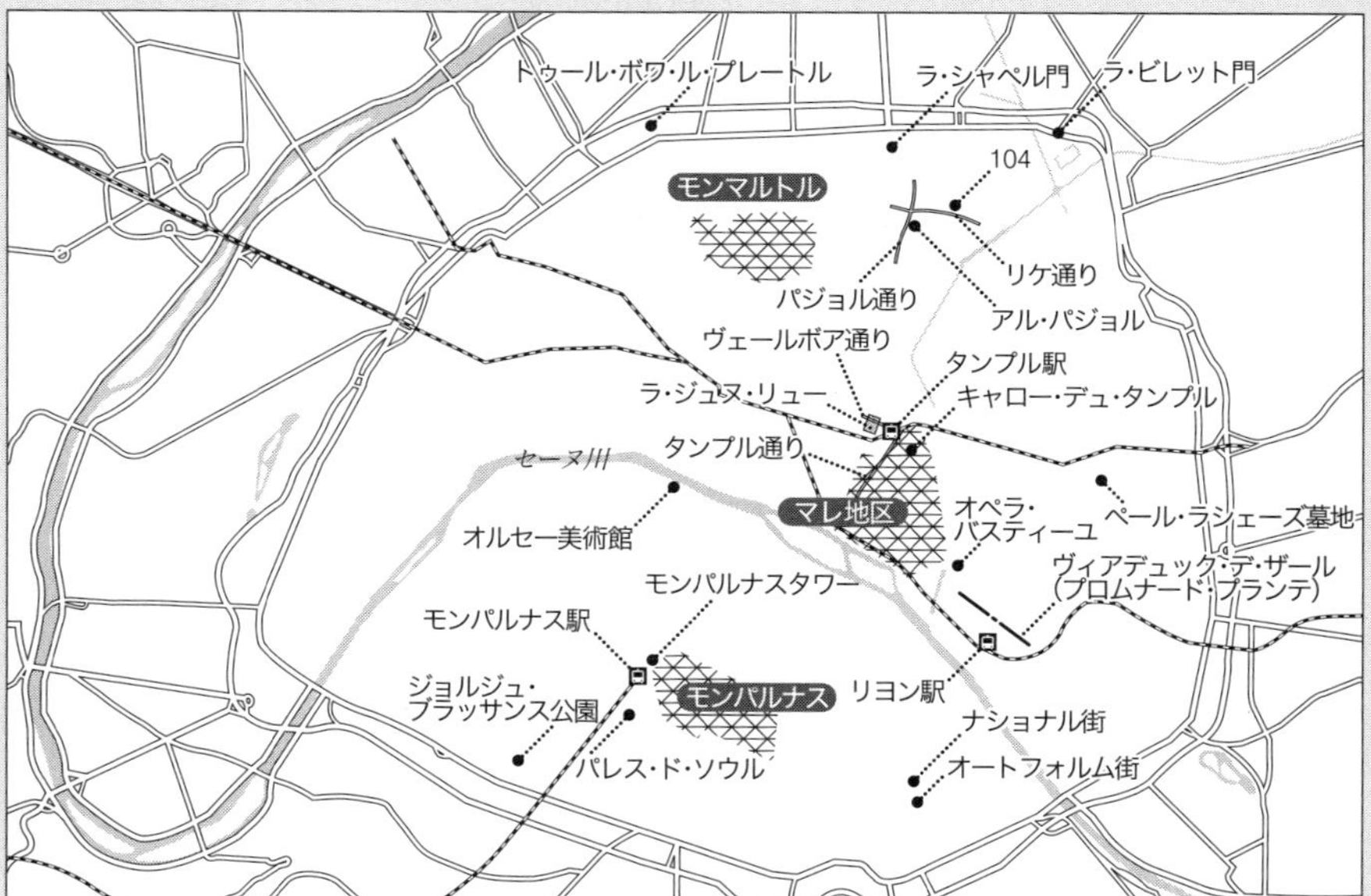
トゥール・ボワ・ル・プレートル
ラ・シャペル門
ラ・ビレット門
104
モンマルトル
リケ通り
パジョル通り
アル・パジョル
ヴェールボア通り
タンプル駅
ラ・ジュヌ・リュー
キャロー・デュ・タンプル
タンプル通り
セーヌ川
マレ地区
オペラ・
バスティーユ
ペール・ラシェーズ墓地
オルセー美術館
ヴィアデュック・デ・ザール
（プロムナード・プランテ）
モンパルナスタワー
モンパルナス駅
リヨン駅
モンパルナス
ジョルジュ・
ブラッサンス公園
ナショナル街
パレス・ド・ソウル
オートフォルム街

鹿児島大学の調査では二〇〇四年にフランスのＬＲＴで有名なストラスブールを見に行ったが、この時は都市交通にテーマを絞っていたので、リノベーションの事例にはほとんど目が向かなかった。今回フランスのリノベーションを見るにあたってパリにその対象を絞ったのは、この歴史あるまちは常にリノベーションを繰り返して現在にいたっている経緯があり、多かれ少なかれ、ここにはフランスの縮図を見ることができると考えたからである。

鉄道駅など、都市インフラのリノベーション、公営住宅群の再生、歴史遺産のコンバージョンなど、無数の事例をここでは見ることができる。なかでも二〇一三年に私がメキシコで知り合った建築家フレデリック・ドルオーの設計した市営住宅は、二度にわたってリノベーションを行った世界中に知られる名作で、今回ぜひ見たいと希望して、中の住民のヒアリングも行うことができた。またかつてパリ市役所に勤務していた首都大学東京の鳥海基樹准教授の著書『オーダー・メイドの街づくり』で語られていた「かさぶた形成」による街並み整備の様子も見てみたいと考えた。

前著『まちづくりの新潮流』でもふれたが、フランスのまちづくりは政治に強く結びつき、パリ市においても市長の考え方が大きく影響している。さらに二〇に分かれた区の区長も大きく関与している。表面的な観察だけではうかがいしれない政治の流れについては、本書では直接はふれないことにする。また公共住宅システムについてもふれてはいない。制度がしばしば時の政治に左右され、それを門外漢がフォローするのは不謹慎であると考えたからである。現地調査に際しては、友人の令嬢であり、私の事務所でインターンをしたこともある、パリ在住の若い建築家高松千織さんに協力をしてもらった。

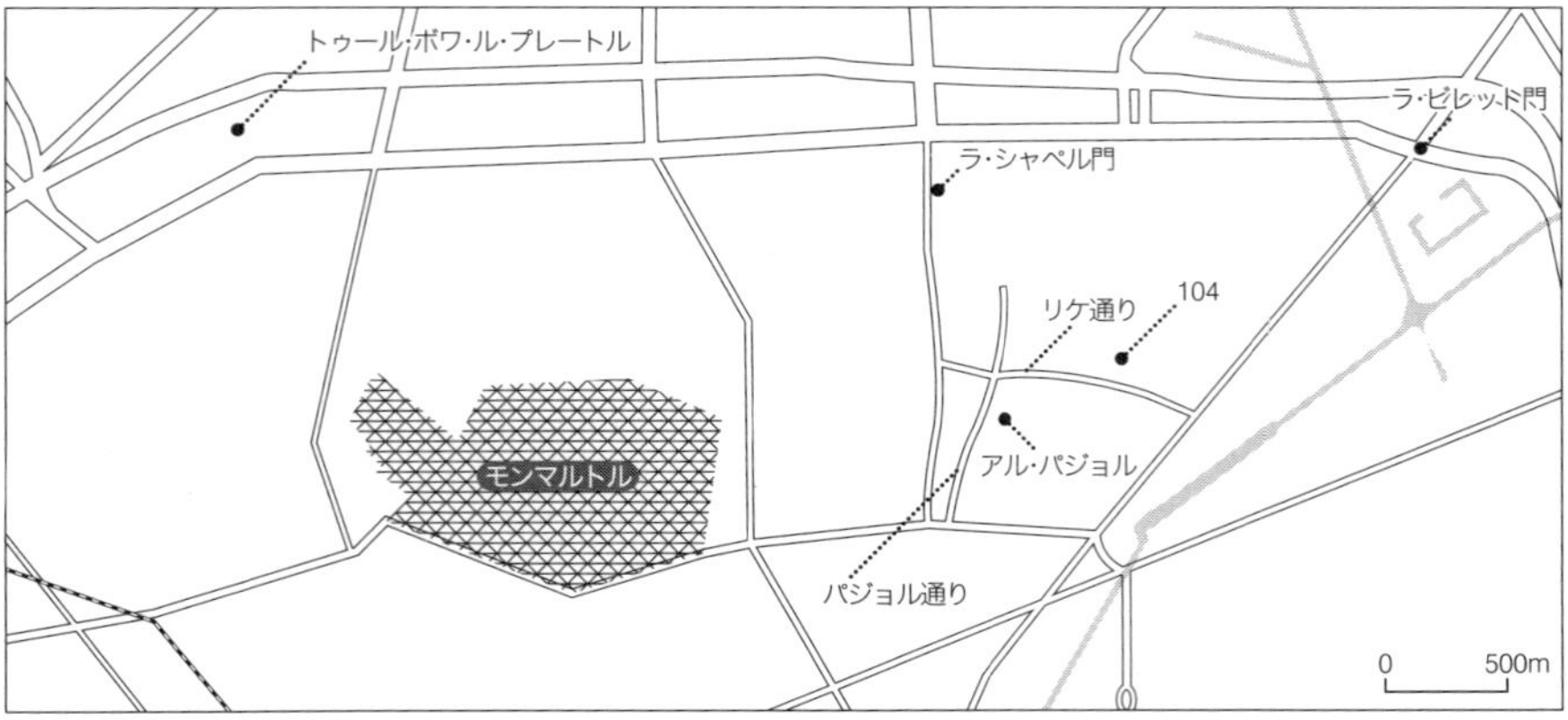

4・1　高層市営住宅のリノベーション——トゥール・ボワ・ル・プレートル

私が鹿児島大学時代に教えたメキシコ出身の留学生が、母国に戻って二〇一三年春にモンテレイ大学のデザイン学部長に就任した。安藤忠雄さんが設計した新校舎の完成記念シンポジウムに招待したいと言ってきたので二〇一三年四月に出かけた。メキシコ、フランス、台湾の建築家、研究者たちと私が、それぞれの手がけたプロジェクトなどについてプレゼンテーションを行い討論したのだが、その場でもっとも興味が惹かれたのがフランスの建築家フレデリック・ドルオーが手がけたパリの市営住宅のリノベーション・プロジェクトだった。この作品についてはすでに、私が購読しているイギリスの建築雑誌ARに掲載されており、注目していたのだが、直接設計者からその詳細の説明を受け、深い感銘を受けた。そのあと市内のレストランでほかの仲間たちと夕食をともにして、その素晴らしい人間性にも共感を覚えたので、ぜひこの建物を見学に行きたいと希望を伝えておいた。そして二〇一四年七月になってついにこの集合住宅トゥール・ボワ・ル・プレートル（以下TBPと略称）を訪れ、住民たちと話し合う機会まで得ることができた。

敷地はパリ市の西北部、環状高速道路のすぐそば。広大な市民墓地に隣接した決して富裕層が住むことはないと思われる地域に

図4•1——トゥール・ボワ・ル・プレートルと設計のフレデリック・ドルオー氏
市営住宅とは見えないガラス張りの高層タワー。築50年の建物をバリアフリー化し、現代の環境基準に適合するリノベーションを行った。

立地している〔図4・1〕。パリ市では環状線沿いの地域に公営住宅を計画的に配置しており、そこには必然的に低所得層が集中的に住む。この全面が透明な高級マンションは、そのような立地にはおよそ場違いな存在かと思われた。しかし、周辺地域では公営住宅の改装工事が続いており、また新築工事も行われており、最近完成したと思われる中層集合住宅はいずれも野心的なアイデアを盛り込んだいわゆる「作品性」の高い建物ばかりであった。フランスではすべての国民に法律で居住の権利が認められているそうで、他の自治体に比べて公営住宅の比率の低いパリ市は、現在その比率を高める施策を取っているという。

一方、戦後復興のなかで大量に供給された公営住宅のなかにはさまざまな意味での問題が生まれており、政府はこれまでさまざまな手法を用いてその改善を図ってきた。その内容については松村秀一氏の『団地再生』（彰国社）に詳しいのでここではふれないが、私たちが訪れたTBPも一六階建て高さ五〇メートル百戸のタワー状集合住宅で、一九六二年、建築家のレイモン・ロペスが、そのころ最先端の集合住宅として有名であったミース・ファン・デル・ローエ設計のシカゴに建つレイク・ショア・ドライブにならって作った、野心的なデザインのカーテン・ウォールの建物であった。その後、カーテン・ウォールに使われていたアスベストの問題で外観が改装された。しかしこの東西面を向いたガラスのファサードはまったく現在の環境基準に適合していない。しかも、この建物は中央部にあるエレベーターから両端部にある住戸に行くには半階上るか下らないと到達できないスキップフロアで構成されており、バリアフリーという時代の要請に応えられなくなっていた。そこで二〇〇九年に全面改修のコンペが行われ、ドルオーと仲間のチームの案が採用されたわけである〔図4・2〕。

1960

2009

2011

彼らの提案はまことに意表を衝くものであった。建物のファサードに奥行き三メートルのポリカーボネート板張り鉄骨製のウィンターガーデン（温室）を増築し、そこを利用して建物の環境負荷値を半減することに成功した。また建物中央に二台並べて設けてあったエレベーターは一台を残して廊下の両端に分散配置し、スキップフロアの問題を解決した。さらにエレベーター増設により住戸床面積が減らないように建物南北に半スパンずつ住戸本体の増築をした。エレベータシャフトはポリカーボネート波板張りとしたので廊下には昼の光が入る。

増築部分は地上で一戸分ずつ組み立てられ、積み木のように積み上げられていったので、本体に荷重はかからず、入居者はほんの数日の関連工事期間を除いて転居する必要もなく、住み続けることができた（図4・3）。入居者のうちほとんどはそのまま居住を続ける意向を示していたため、設計者と住民はワークショップを続け、家族構成の変化などで部屋数などのニーズが変化した入居者の住棟内での転居のスキームも作成した。設備の配管や機器類はすべて更新されたが、オリジナルの床材である直貼りのフローリングブロックは撤去工事の困難さを考慮して極力そのまま保持した。また一階の共用部分については住み込みの管理人住戸をテナントスペースに変え、地上面から半階上がっている床面にバリアフリーで到達できるよう周辺の造成工事を行った。

ドルオー氏自身は当日出身地のボルドーの五百戸の団地の改装のプロジェクトの打ち合わせのため来ることができなかったが、代わりにスタッフのマリオン・ポートゥローさんが膨大な資料を抱えてやってきて、まずは住民組合理事長のアンヌ・マリー・メヴェーレックさんに引き合わせてくれた。彼女の住戸は二階にあり、彼女はここに三〇年以上住ん

図 4・2〈前頁〉——**トゥール・ボワ・ル・プレートルの変遷**
左から、1960 年創建時、2009 年改装前、2011 年改装後。外観は大きく変わっているが主体構造は変わっていない。（提供：Frederic Druot Architecture）

図 4・3〈右〉——**改装工事中**
既存の建物外側にバルコニーを 3 m 増築し環境制御装置化した。鉄骨造のプレファブ構法で組み立てられた。（提供：Frederic Druot Architecture）

できたと言っていた（図4・4）。彼女は一人暮らしであったが、彼女の住戸は部屋数が多く、ときどき外国の学生たちを泊めていると言っていた。部屋の中には世界各地の民芸品などが飾られ、活動的な過去が伺えた。インテリアは台所と水回りが改装されただけで、なにも従前とは変わらないが、ただしウインターガーデンは床から天井まで全面が透明なため、室内が明るくなって快適だと言っていた。ウインターガーデンには断熱材をキルティングした熱線反射カーテンが下がっており、必要なときにはこれを閉めて省エネを図ることができる。この後、さまざまなタイプの住戸を訪問して内部を見せてもらったが、最上階のメゾネット住戸にはアフリカ系の住民が住んでおり、パリ中を見下ろす贅沢なペントハウスが、市営住宅であるとは信じられない思いがした（図4・5、6）。建物をくまなく案内し

図4•4 ——訪問
住民組合の代表アンヌ・マリー・メヴェーレックさん宅でインタビュー。私の右から高松千織さん、ドルオー事務所のマリオン・ポートゥローさんとメヴェーレックさん。

てもらった後、思いがけなく、「ちょっと一杯やっていかない」とメヴェーレックさんに誘われ、お言葉に甘えてポートワインをいただいてお暇を告げた。彼女によれば、このアパルトマンには始終世界中から見学者が訪れてその応対が忙しいとのことであったが、結構これが生きがいになっているようにも感じた。この建物はシャルル・ド・ゴール空港から市内に向かうバスの車窓からよく目立つランドマークになっているので注目してほしい。

この訪問は、高松千織さんにアレンジをお願いして実現できた。彼女は子どもの頃からパリに留学しており、パリ大学を卒業して今は設計事務所で働いている。前日に、郊外にあるフィンランドの巨匠アルヴァ・アールトーのメゾン・カレという住宅の訪問もアレンジしてもらい、彼女の母校のボザールの近所にある行きつけのレストランでイギリスから駆け付けた共著者の漆原弘君と三人で楽しく会食して、今回の視察の方法などについてしっかりと協議できたのが良かった。

4・2 オーダー・メイドの街づくり——モンマルトルなど

パリ市内の最高地点でランドマークとして知られるモンマルトルの丘は先史時代以来の歴史を持つが、とりわけ有名になったのは一九世紀のオスマンによるパリ改造により都心を追いやられた人々が移住してきたからで、その後、家賃の安さにひかれて画家など芸術家や芸人たちが多数住むようになって広くその名が知られるようになった。しかしこの地区はとりわけ第一次大戦後急速に観光地化し高級住宅地となっていった。やがて高騰する

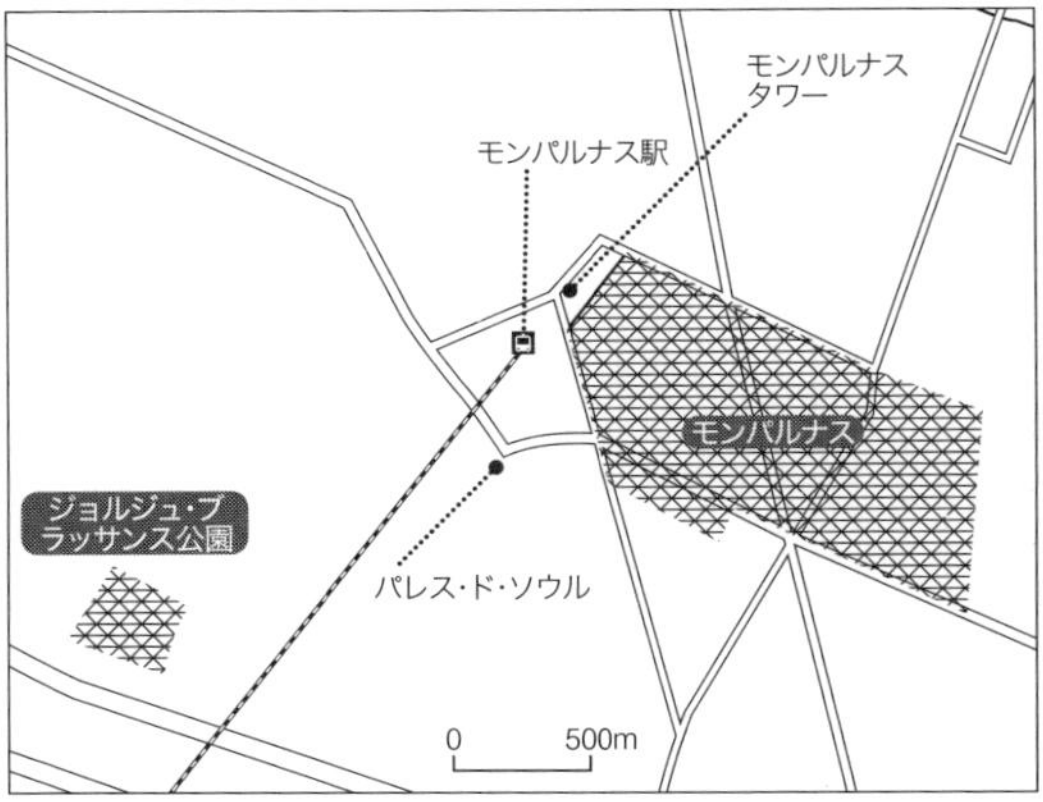

図 4･5〈前頁右〉——**最上階からの眺望**
最上階はメゾネットになっていてエッフェル塔の建つパリ市全体を見晴らすことができる。住民は従前から住んでいた人々。億万長者もうらやむ眺めを公営住宅の家賃で楽しんでいる。

図 4･6〈前頁左〉——**メゾネット住戸の内部**
左の人が住人。かなりのインテリ。従前の住民の要望は個別に受け入れるようにした。設計事務所がかなり丁寧な対応をしたので住民はみな満足していた。

家賃と激しい雑踏に耐え切れなくなった芸術家たちの多くは、セーヌ左岸のモンパルナスに移住していった。この地区の面積は七八ヘクタール。一六〇〇筆の敷地に分かれたこの丘はいま訪れると、丘の頂上からの眺望は別にして、そこに近い村の広場を思わせるひなびた家並、立派な建物に挟まれた見事な階段、思いがけない広さのあるブドウ畑など、魅力にあふれた景観で人々を惹きつけてやまない。これまで数多くの映画がここでロケを行い世界中にその魅力を発信してきた。しかし、首都大学東京の鳥海基樹准教授によれば、この景観が保全されたのはほとんど奇跡的な逆転劇によってであったというから驚く。

一九九五年パリ市はこの地区の景観破壊をおそれて、通常の土地占用プラン（POS）よりも詳細な規制を含む特別土地占用プランを制定した。しかし住民からの訴訟によって、この計画は挫折し、景観規制はピンチに陥った。ところがその後住民との対話を続けるなどの努力を続けた結果、ようやく二〇〇〇年に一六〇〇筆の敷地それぞれに形態を含む規制を与える詳細な特別占用プラン（鳥海氏は「界隈プラン」と呼んでいる）が議会承認された。この規制は景観を凍結保存することを目的とはしておらず、柔軟性にとんだ対応を可能にしていることが特徴であり、鳥海氏は硬直的なプレタポルテ（既製服）型のPOSに対してオーダー・メイド型街づくりと呼んでいる。住民のニーズに耳を傾けてまちづくりを行うというパリ市の姿勢は国政レベルでの都市計画法の改正にも反映され、都市・連帯再生法（LoiSRU）の制定にいたった。

それはともかく、かつては観光バスが連なっていたモンマルトルも今ではケーブルカーが設置され、電気自動車のバスで登ることもできる。またあまりにも観光化した頂上付近の集落も看板が目立たず、良い雰囲気を保っている。ブドウ畑は保全され、秋にはワイン

図4•8——モンマルトルのブドウ畑
ブドウ畑と丘の上の村のような家々については厳しい景観規制が行われている。

が仕込まれ、一般にふるまわれる。パリ市内にはこのように界隈プランによって保全された魅力的なまちがほかにも各所にあるのでぜひ訪れてみてはどうだろうか(図4・7、8)。

さて、このような歴史的景観保全以外に、戦後復興期に市内各所で横行してきたスクラップ・アンド・ビルド型のいわゆる都市再開発の結果生まれた公営団地などが、これまでパリ市の大きな問題となってきた。敷地はおおむね高速環状線や川沿いの地域で、工場、倉庫、鉄道用地などを第三セクターが入手して、周辺の景観などと無関係に広い空き地を確保したうえで都市計画上の協議指定区域（ZAC）として指定し、近代建築様式の高層団地が建てられてきたのである。しかしこれらの団地の住民は低所得層が中心で、移民が多く、高い失業率から犯罪発生率も

図 4・7〈上〉――モンマルトルでもっとも魅力的な景観
ピカソやユトリロが愛した有名なシャンソニエのラパン・アジール近く。

図 4・9〈右〉――街並み重視型の再開発
クリスチャン・ポルツァンパルクが提案して実現した。

高い。このような再開発に対する対案を示したのがクリスチャン・ポルツァンパルクで、彼は一九七七年に市の南東部の協議指定区域のオートフォルム街再開発コンペで、伝統的集落を思わせるヒューマンスケールのデザインを実現し、大きな反響を呼んだ(図4・9)。このような流れは以後都市再開発の主流となり、なかでもモンパルナス駅近くにリカルド・ボッフィルが建てた列柱の立ち並ぶ中庭を囲んだ通称「人民の宮殿」は有名になった。ところが、これらはいずれも既存の建物をすべて取り壊したうえで建てたもので、スクラップ・アンド・ビルドという意味では旧来の事例と本質的には変わらない。しかし、一九九〇年代に入ると、このような手法は行き詰まりを見せ始める。つまり追い立てを迫られる従前の住民たちが反対運動を始めたのである。

パリ東部のペール・ラ・シェーズ墓地の北側のレ・ザマンディエ協議指定区域は半世紀以上前から再開発計画が策定され、スクラップ・アンド・ビルド事業も段階的に進められてきて一九九五年にほぼ完成した。しかし取り壊しを最後まで拒否してきた一〇棟の建物を含めた既存の街並みの復元を含めた再生計画が一九九六年アントワーヌ・グランバックによって示され、スクラップ・アンド・ビルドから街区尊重へ、保全的刷新を目指すという新しい動きを示すモデルケースになっているのである。パリ東部の丘の上から下がっていく坂に沿った街並みはあたかも昔からの集落を思わせ、住民たちの表情も柔和で、今後はこの方式の都市再生

図4・10——レ・ザマンディエ協議指定区域
既存の街並みを活かして街区の再生を図る方式を提案したアントワーヌ・グランパックのおかげで違和感のない街並み形成が出来あがっている。

が主流となるという予感を得た（図4・10）。

ポルツァンパルクのオートフォルムの近くのナショナル街は前面道路から広いセットバックスペースを確保した高層スラブ型の団地が続く通りであり、その広い空き地が犯罪を誘発することが恐れられてきたが、ポルツァンパルクはその足元に背後の住戸の居住環境に配慮しながら中層の建物を道路沿いに建て、その一階にテナント店舗を入れることによりまちの賑わいを取り戻し、路上の安全を確保することに成功した。これはあたかも大きく空いた傷口を癒すカサブタを作るような手法なので、「カサブタ」形成型まちづくりと呼ばれ、各所で実践されている（図4・11）。「カサブタ」の素材は建築ばかりではなく、ストリートファニチュアなどの工作物の場合もある。パリの伝統的街並みは街路に接した建物により形成されているが、これを否定した近代建築様式によるまちづくりは、広い空き地の中に高層建物が散在する形式を採用し、第二次大戦以後大量に供給された公営住宅の多くはこのスタイルを長年踏襲してきた。しかしその空き地で犯罪が多発していることに加えて、その膨大な維持管理費が大きな負担となって、その流れは大きく変わりつつある。

4・3　巨大葬儀場をアートセンターへ——１０４《サン・キャトル》

パリ市の東北部は一般に治安が悪いといわれ、とくにユーロスターの終着駅である北駅やその隣りの東駅の裏側に当たる地域は、とりわけ近づかないほうが良い所と聞いていた。しかし、そのなかで、１０４というリノベーションによるアートスペースと、広大な鉄道

図4・11 ——「カサブタ」形成型まちづくり
巨大公営住宅の前のセットバック広場の前に低層建物を「カサブタ」のように建てて沿道の賑わいを創りだしている。

トラックヤードを挟んで西側に最近できた三百人宿泊可能なユースホステルを中心とした環境共生複合施設アル・パジョルが地域再生のコアになっていると聞いて、さっそく訪れてみることにした。まずは104のほうであるが、これは二つの道路に挟まれた細長い土地にあった巨大な市営葬儀場をリノベーションしたものである。その経緯を資料により知ることができたので、以下に記す。

人口の集中が続いた近代パリでは、それに対応してさまざまな都市インフラの整備が行われたが、そのなかで無視できない需要があったのが葬儀場であった。通常の病死者以外にコレラなどの伝染病の死者や車両事故などで発生した大量の遺体の処理の需要などの高まりに対応して、一八七〇年パリを管轄する司教区はパリ東北部の北駅裏の現在地に巨大な葬儀場を建設したが、これをパリ市が一八七四年に買収して市立葬儀場とした。地下には当時の主要運搬手段であった馬車が待機し、棺桶製造工場や各種関連作業所が内部に設けられ、一九八三年まで操業していた。この建物を設計したのはエドゥアール・ドゥラバール・ドゥ・べという建築家であるが、彼についてはほとんど記録が残っていない。しかし、この施設は前後両面で道路に接した幅七〇メートル、長さ二二〇メートルの細長い敷地を利用したきわめて機能的な建物で、当時のボザール教育に則った構成になっていた。

一九九五年パリ一九区長のロジェール・マデック氏は空き家となっていたこの建築の再評価をパリ市長、イルドフランス県、フランス建築家協会と報道機関に提案し、一九九七年に、保存建築物として指定されるにいたった。二〇〇一年敏腕で知られる当時のパリ市長ベルトラン・ドラノエ氏の決断により二一世紀に向けてこの建物をアートスペースにすることにより地域の再生をするというプロジェクトが始まり、二〇〇二年の一〇月の白夜

図 4•12 —— 104（サン・キャットル）
外見はきわめて周辺となじんだ立派な建物であるが、かつては巨大な葬儀場だった。

祭に際してこの建物を利用して大規模なアートイベントが行われ、パリ中の人々に、通りの番地にちなんで「１０４（サン・キャットル）」と名づけられたこの施設の魅力が知られることになった。これ以後パリ市とさまざまな芸術家たち、建築家などの専門家がワークショップを重ねて協議を進めた結果、二〇〇四年春にアトリエ・ノヴァンブルというチームが設計者として選定され、二〇〇五年五月から敷地の整備が始まり、二〇〇六年に工事が始まり二〇〇八年一〇月一一日オープニングが行われた（図４・12）。

葬儀場というよりは遺体収容所として発足したこの施設は、外部に対して閉鎖的であるのは当然であり、とりわけトラックヤード側の裏口からは無数の遺体が搬出入されたことをうかがわせる。しかし正面道路に面したファサードはごく普通の格調ある三階建ての建物で、中央のゲートを潜り抜けるとそこには馬の水飲み場を備えた貯水槽が立っており、奥には立派なファサードの三棟の切妻建物が並んでいる（図４・13）。この奥深い建物こそがこの施設の中核をなす部分で、中央の棟の屋根のトップライトから内部に光がふんだんに差し込むようになっている。その床は左右の建物の床から切り離されていて、その下のスペースにも光が入るよう工夫されている（図４・14）。左右の棟にはレストランや書店、工房などがテナントとして入っており、奥の部分には二〇〇～四〇〇席が入るシアターが二つ入っている。

さらに奥に進むと、そこは中庭となっており、カフェもある。そして正面には再び巨大な工場を思わせる走行クレーンが内部に設置された建物が姿を現す。この建物の開口は中庭に向けて全開できるよう工夫されており、クレーンの走る内部空間と中庭は一体利用ができるようになっている。クレーンは展示物の移動や巨大作品の制作に利用されている。

図４•13 —— 104 正面
正面から中庭の奥を見ると、そこが本体である。

図 4•14〈上〉——**メインスペース**
本体の建物は中央に長い 3 層吹き抜けがあり、地下まで光が入る。左右には店舗を始め各種活動のための諸室が入る。

図 4•15〈下〉——**中庭と工場のようなスペース**
一番奥にはもう一つの中庭があり、その先に走行クレーンの入った工場風のスペースがある。ここでは巨大作品の展示も行うことができる。

さらに奥に進むと管理部門のある裏口に出て、その向こうは広大なトラックヤードである（図4・15）。

104の中を歩いているとファブラボのようなものが見えたので中に入ると、大型レーザーカッター、ミリングマシーン、3Dプリンターなどを備えた工房で、さっそく中にいたパートナーのジョアン・アサージュ氏やヴァンサン・ギマス氏などから、ファブラボとの関係などについてヒアリングした。バルセロナで行われるFAB10については知っているが行かない。むしろイギリスのウィキハウスと協働しているという話であった。ここでは注文に応じてさまざまな家具を受注して販売しているが、休日には外部の人に工房の機器類を使わせたり、子どものワークショップをやったりといった活動も展開しているということであった（図4・16）。

104は、発足当時から常に進化し続けるアートスペースとして滞在芸術家も受け入れ、実験的な試みを展開しているようで、約三万平方メートルという巨大な施設の持つ可能性は、限りなく高いように思えた。その活動については詳しいカタログが無料で配布されており、その全貌を知ることができる。この施設は正午オープンで、内部のホールではダンスの練習をしたり、ウィキハウスのシステムの試作品を展示したり、巨大なコンセプチャルアート作品を説明したり、自由気ままに広大なスペースを使いこなしていた。とっさに思い出したのは、私たちHEAD研究会が入居している千代田区末広町の元中学校校舎をリノベーションしたアートスペース3331であるが、残念ながらその規模やプログラムの広がりにおいて、とても比較することができない。とはいえ、アートを媒体に地域の活性化を図るという意図においては共通するものがあり、リノベーションによるまちづくり

図4・16——工房
3Dプリンターや大型レーザーカッターを備えたファブラボのような工房がある。共同経営者のヴァンサン・ギマス氏と意気投合。

の方向性としては今後も期待が持てる手法だと感じた。

4・4　パリ最大の環境共生プロジェクト――アル・パジョル

フランスは原発立国を国是としており、この国では脱原発を目指す隣国ドイツの田園地帯に林立する風力発電の風車がほとんど見られない。またパリ市内のスカイラインを見てもソーラーパネルが全然見られない。前述の１０４と広大なトラックヤードを挟んで反対側に立地する複合施設アル・パジョルは、そのようななかで約三ヘクタールの旧国鉄用地を利用してパリ最大の三五〇〇平方メートルのソーラーパネルを屋根に設置したユースホステル、図書館、短大、劇場、商業施設、大庭園などを含む壮大なプロジェクトである。

パリ東北部ラ・ヴィレット門とラ・シャペル門に挟まれたこの地区には広大な鉄道用地があるが、物流の変化によりその多くは不要になり、その活用計画がたびたび問題とされ、ジャック・シラク市長時代に六〇〇戸の集合住宅建設計画も立てられたが、住民の反対にあって塩漬けにされていた。しかし、二〇〇一年にベルトラン・ドゥナロエ市長が就任すると住民との対話を重視した計画案の検討が始まり、二〇〇四年には第三セクターのセマエスト（ＳＥＭＡＥＳＴ東部パリ整備会社）が事業主体となって、整備協議地域（ＺＡＣ）に指定されたこの地区の開発計画を担当することになった。そして、この地区を環境共生のモデル的地区として開発することが決定され、文化財的価値の見地からより環境的配慮から既存建物の活用も提言された。二〇〇七年に設計コンペが行われ、環境共生建築の実

図 4・17〈次頁上〉――**アル・パジョル**
前面は広い広場。右側の街区も現在リノベーションが進んでいる。

図 4・18〈左〉――**内部**
1 階は店舗や、カフェ。2 階と 3 階はユースホステル。

図 4・19〈次頁下右〉――**外観**
環境共生が売り物なので、外装はできるだけ木造にしてある。屋根にはソーラーパネルが乗っている。

績のあったフランソワ＝エレーヌ・ジュールダが設計者に選定された。着工は二〇一〇年で二〇一三年に建物が竣工。二〇一四年に庭園部分がオープンした。延べ床面積は一万平方メートルで、総工費は四二億円であった。

既存建物はノコギリ屋根の鉄骨造倉庫や、事務所であったが、その遺構のすべてを遺すことはできず、多くは屋根のかかった広大な庭園の屋根の部分に活用された。またジュールダは木材の利用が炭酸ガス削減の決め手であるとし、当初木構造の提案をしていたが、いろいろの観点から鉄骨造と木構造のハイブリッド構造を採用しコスト削減を図った。

この施設のメインのアプロー

図4・20〈上〉——ユースホステルの入り口

チは、先述の104と同じリケ通りで、この通りが広大なトラックヤードを渡る橋の西南側のたもとの公園がこの地区の入り口に当たる。西側のパジョル通りに面した部分と東側の鉄道用地との間には段差があり、パジョル通り側の前面に幅の広い公園が設けられ、そこに面して店舗、カフェ、パン屋などが入居している(図4・17、18)。この南北に長い建物の北の端にはオフィスに改装されたビルがあり、そこを過ぎると木製ファサードとソーラーパネルを支える鉄骨のノコギリ屋根風フレームが見えてくる。その北の端には図書館が入っており、その壁面には現在のソーラーパネルの発電量がリアルタイムに表示されている(図4・19)。建物の二階と三階は一〇三室三〇〇名宿泊可能なユースホステルとなっており、一階にラウンジとフロントオフィスがある(図4・20)。南の端には体育館が建っている。地下には多目的ホールや集会室が入っているが、その東側には広大なソーラーパネルの屋根つきの庭園が広がり、その向こうにさまざまな色の列車が行きかうトラックヤードを見ることができる(図4・21)。さらにその彼方の北側には104の背面が見えるが、南側はさまざまなスポーツが楽しめる南北に長い緑地公園になっており、いわゆるブラウンフィールドが持っていたかつての禍々しいイメージはすっかり払拭されているのである。

さらにパジョル通りの西側の地区では、既存建物の改装も始まって新しいアパルトマンの建設も進み、近隣のイメージアップの効果が表れていることが実感された。今やパリでもっとも進んだ環境共生のユースホステル

として世界中から大勢の家族連れの旅行者たちが集うアル・パジョルの姿を見ると、二〇二〇年のオリンピック対応を迫られている東京にもこういう施設が求められているような気がする。

4・5 パリの新名所——キャロー・デュ・タンプルとグルメ街

自分の威光を高めるためにパリ大改造を企て実行したナポレオン三世は、就任以前の一八四八年のコンペの結果ヴィクトル・バルタールが設計に取り掛かっていた重苦しい石造の中央市場（レ・アル）の計画を取りやめさせた。その結果、鋳鉄製の柱・梁で支えられた、これまでに見なかったようなガラス張りの軽快な建物が二〇年かけて一二棟作られることになった。そのスタイルはレ・アル様式と呼ばれ、多くの人々を魅了しパリ市内や国内はもとより、周辺諸国にまでこれを真似た建物が建てられることになった。バルタールはその後パリ市の建築総監となり、市内各所にこの様式の公共建築が建つことになった。しかしオリジナルのレ・アルは一九七二年から七八年にかけて取り壊され、一棟が郊外に移築され文化財として現存するのみとなった。なお、一部は横浜市に移築されている。

現在パリでもっともファッショナブルな地区として知られるマレ地区北部にあたるタンプル駅そばにあるキャロー・デュ・タンプルはその名の通りテンプル（フランス語でタンプル）騎士団の修道院の跡地に建っている（図4・22）。この修道院はテンプル騎士団が異端とされてから他の騎士団の修道院になっていたが、フランス革命期には王族の牢獄として

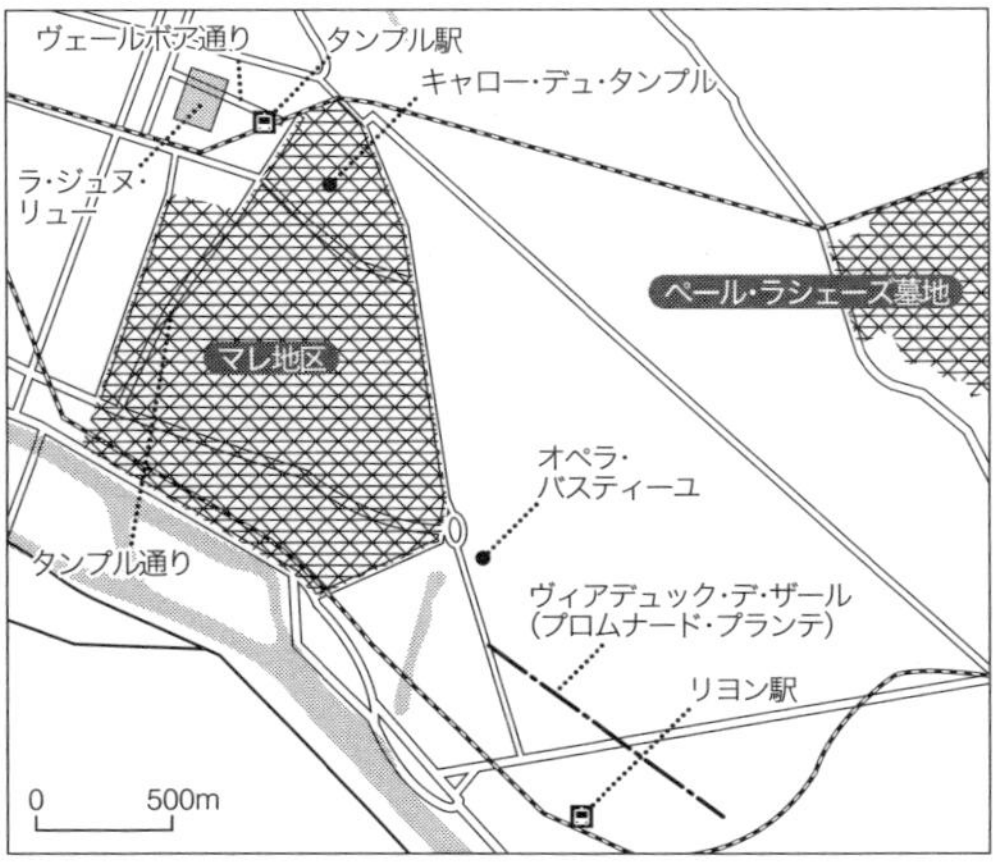

図4・21〈前頁〉——アル・パジョル、建物の裏側
1階分下がっていて庭園になっている。その向こうをヨーロッパ各地を発着する各国の国際列車が行きかう。庭園には既存建物のフレームを活かしたソーラーパネルの屋根がかかっている。

使われ、ルイ一六世やマリー・アントワネットもここに一時幽囚されていた。その後修道院は取り壊され一八一一年には木造の市場が作られ、一八六三年にはジュール・ド・メランドルとエルネスト・ルグランの設計でバルタール・モデルに従って鋳鉄とガラスの建物に建て替わり、衣類を中心とした市場として利用された(図4・23)。とくに革製品に特化して、パリコレの会場に用いられたこともあったが、やがて時代遅れになって閉鎖にいたった。しかしドラノエ市長の市政下に住民の意向を聴いて用途を決めることになり、二〇〇四年住民投票が行われ、多目的施設として再生することが決定した。ちなみにこのドラノエ市長は社会党でゲイをカミングアウトした異色の人物であったが、セーヌ川にビーチを持ってくるアイデアマンでもあり、前述の104(サン・キャットル)やアル・パジョルの建設も積極的に推進した。現在の女性市長アンヌ・イダルゴ氏は、ドラノエ氏の時代に副市長を務めていた。

二〇〇七年にコンペが行われ、木を多用したジャン・フランソワ・ミルーの案が当選して最近竣工した。工事に先立って敷地の考古学的調査が行われ、その過程は市のホームページ上の動画で見ることができる。地下にはスポーツ施設、レコーディングスタジオ、ダンススタジオなどが設けられ、地上階は二五〇席のホール、一八〇〇平方メートルの多目的スペース、テナントスペースとして用いられている。総面積六五〇〇平方メートル、収容人数三五〇〇人のこの建物は、竣工後ただちにさまざまなイベントに

用いられ、さっそく発展途上の北マレ地区の人気スポットになっている。

周辺には従来の食品市場や公園もあり、充分に魅力的な地区に発展しているこの場所にさらに画期的な動きが生まれていることを知った我々は、タンプル通りを挟んで反対側のヴェールボア通り周辺に生まれるというグルメ街ラ・ジュヌ・リュー（若い街）のプロジェクト・サイトを訪れた（図4・24）。

この計画は二〇一四年初めパリでル・セルジャン・レクリュタール（徴兵軍曹）というユニークなインテリアとリーズナブルで美しい料理のレストランを開き経営に成功した投資家のセドリック・ノードン氏とシェフのアントナン・ボネ氏が突然記者発表したもので、パリに初めてデザインと美食のテーマパークを作るというアイデアであった。二年前サンルイ島に開いたレストランで成功を収めた彼は二件目の場所を探して、北マレ地区のこの通りを選んだのであるが、初めに当たった家主がなかなか商談に応じなかったので、彼が抱えていた空き店舗数件も抱き合わせで買収するという条件を出して、まずは数件の店舗スペースを確保した。すると、周辺に空き店舗を抱えていた家主たちが次々に物件を持ち込むようになり、ついには四〇件を超える物件をここに確保したというのである。彼は本来料理人になりたかったそうであるが、芸術作品に囲まれて育った彼は、家業の金融を活かして美と食を結びつけた新しいコンセプトの名所をパリに開くというアイデアにいたったのである。

彼は従来のレストランとはまったく違うコンセプトで食を考え、最上の素材を供給する生産者たちと最上の料理人と最上のデザイナーのコラボレーションによる食のまちを作ろうとしている。パリのまちを歩けばパン屋や肉屋や、八百屋が今でも軒を接しているとこ

図 4・22〈前頁〉――**キャロー・デュ・タンプル**
19世紀の市場が最先端のイベントスペースとなっている。市場建築で一世を風靡したレ・アル様式の建物は世界で流行したが、パリではほとんど残っていない。

図 4・23〈右〉――**改装前のキャロー・デュ・タンプル**
20世紀初めの頃の全盛期。

ろが多い。しかしその数は減り、チェーンストアが増えているのは世界中どこの都市にも共通する風景である。そのなかに、彼らは本物の作り手や売り手が集まる真の意味でのグルメ街をパリで初めて作りだそうとしている。私はここのマネージャーからいろいろなことを聞きだしたが、後で、彼がレム・クールハースのシンクタンクAMOのスタッフであることを知って驚いた(図4・25、26)。後日立派なプレス・キットのファイルを送って貰ったけれども、たいした陣容で企画を固めていることに驚嘆した。おそらく完成までは時間がかかるだろうけれども、

私は吉祥寺のハモニカ横丁で二三店舗を経営している手塚一郎さんのことを思いだした。ノードン氏は次にニューヨークに進出するかもしれないと、記者会見の席で言ったそうだが、私も手塚さんのお手伝いをしてみたいものだ。

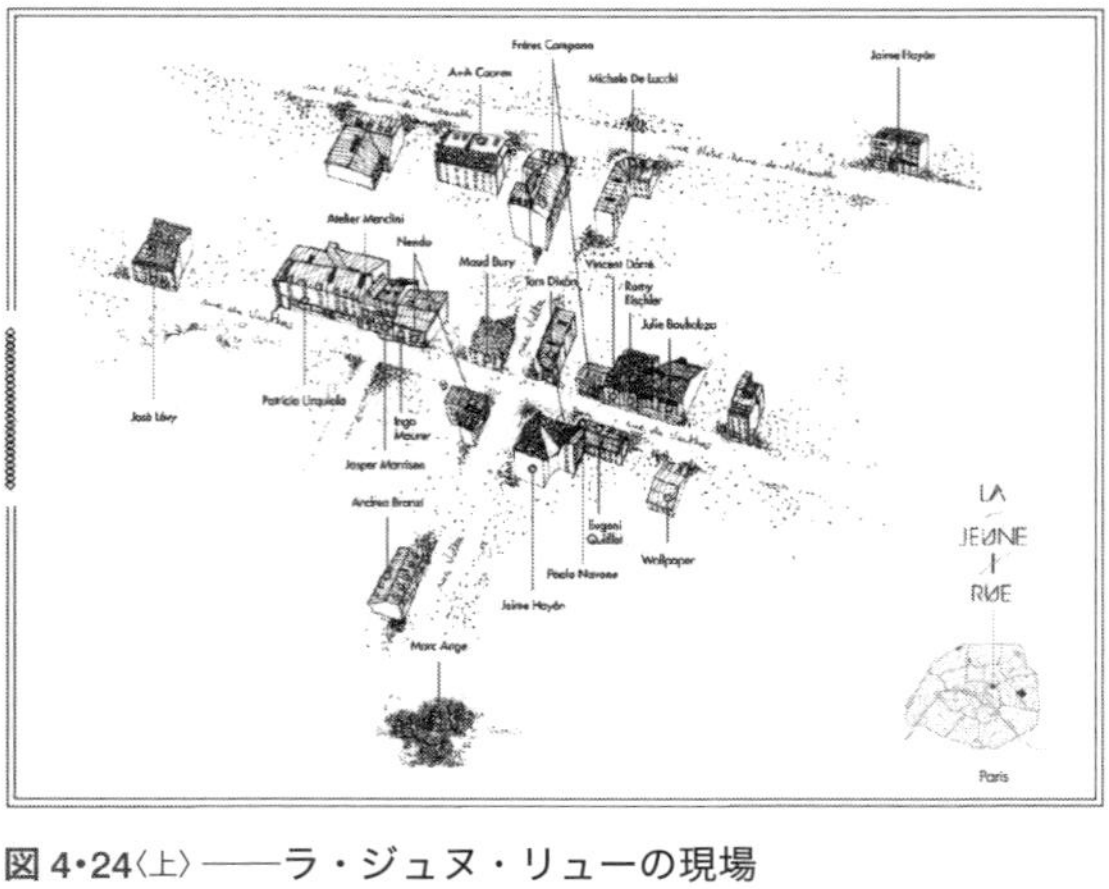

図 4・25 ——現場マネージャー
ドイツ人ヨハン・ベルガー氏は、レム・クールハースのシンクタンクAMO のスタッフだった。ものすごく雄弁で辣腕家。

図 4・24〈上〉——ラ・ジュヌ・リューの現場
買収が進行中であった。

図 4・26〈下〉——ラ・ジュヌ・リューの構想マップ
有名デザイナーの名前がマッピングされている。

4・6 鉄道遺構の活用──プティット・サンチュールとヴィアデュック・デ・ザール

ブルボン家出身のルイ・フィリップが国政を担っていた一八四八年、パリから各地方に向けて鉄道を走らせることが決定されたが、同年革命により共和制が布かれた。政体の変化にもかかわらず、パリからは五つの会社が東西南北に向けた鉄道を走らせることになった。しかし、これらの会社はそれぞれの権益を死守するために、相互の乗り入れを拒絶し続けた。主として軍事上の観点からこれを危惧した政府は、何とかこれを解決するための環状線を走らせるべく各社に働きかけていたが、この政府も短命で、その構想が実現しないまま再び革命が起こってしまった。一八五一年末ナポレオン三世が就任するや、即時に鉄道会社に大きな優遇措置を与えることを条件として環状線建設への協力を確約させた。これによると、政府はレールをはじめとする施設建設の費用を負担し、九九年間の使用許可を与えるということになっていた。その代わり会社側は各自一〇〇万フランの資金を拠出し、駅舎を建設し、鉄道を運行することになった。政府が建設資金を負担したにもかかわらず、実際にこの事業の経営に携わったのは各社二名ずつが参加した共同企業体であった。

一八五二年四月に北線と東線を直接結ぶ路線ができ、それ以後環状線が次々に各鉄道を結んで建設され、一八六九年全線が開通して全長三二キロのループが完成し、シュマン・ド・フェール・ド・プティット・サンチュール（小ベルト線）と呼ばれた。しかし一九〇〇年万博に合わせて地下鉄が開通すると、自由にパリ市内を移動できる利便性が評価され、

図4・28──プロムナード・プランテ（緑の遊歩道）
上部の仕上げは多様で、木造デッキ、緑地など変化に富んでいてニューヨークのハイラインにインスピレーションを与えたに違いない。

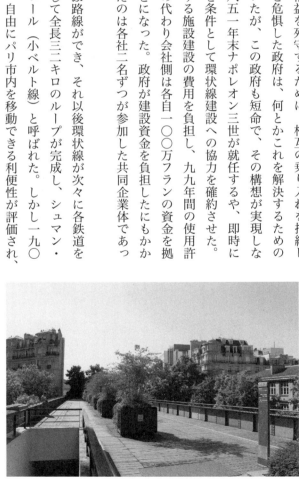

図 4・27〈上〉——**ヴィアデュック・デ・ザール（芸術高架橋）のテナント**
高架の下はテナントスペースで主としてアート関係の利用が多い。

図 4・29〈中〉——**プティット・サンチュールの路線図**（出典：http://dailynewsagency.com/2014/09/07/by-the-silent-line-pierre-p0i/）

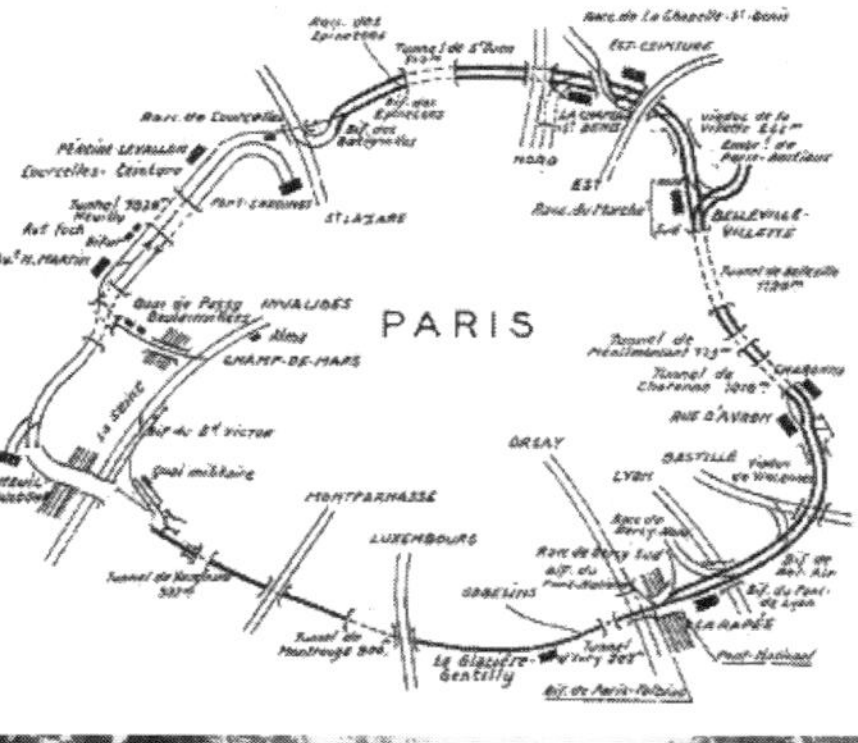

環状線の利用者数は激減し、しだいに廃線が相次いで第二次大戦後は貨物運送に細々と利用されて命運を保ったものの、今では事実上その廃線跡が無用の長物となっている。これらの鉄道は道路交通への配慮から高架線あるいは掘割方式で立体交差が図られていたが、その後各所で分断され、ほとんど放置された状態になっている。

このような環状線以外にはむろんパリと各地を結ぶ放射状路線もあったわけで、それらのなかには廃線になって他の用途に使われるものもあった。なかでも有名なのが一九〇〇年のパリ万国博覧会の際に開通したオルレアン鉄道のオルセー駅で、その後鉄道が廃止されたまま放置されていたものが、地下のプラットフォームを含めた大空間はイタリアの建築家ガエ・アウレンティの手によって一九八六年近代美術館に改装されている。一方バスティーユから郊外のヴァンセンヌを結ぶ路線として走っていた鉄道はやがて廃線になり、一九八四年バスティーユ駅は新オペラ劇場に建て替わりその先の高架線跡だけが残っていた。一九八六年現存する主要駅リヨン駅近くにあったルイリー貨物駅跡地が広大な公園に改修されると、高架線の下のアーチ状空間は、一九八九年に主としてアートを扱うテナントスペースとして利用されることになり、ヴィアデュック・デ・ザール（芸術高架橋）と名づけられパリの新名所として知られるにいたった（図4・27）。そして旧モンタンポワーブル駅まで続く高架線の上部は一九九三年に長い遊歩道として整備され、プロムナード・プランテ（緑の遊歩道）と名づけられた（図4・28）。

この遊歩道はランドスケープ・デザイナーのジャック・ヴェルジュリーと建築家のフィリップ・マテュウの設計によるもので、実に手の込んだ見事なもので、完成後たちまち世界中に知られることになり、ニューヨークの有名なハイラインが生まれるきっかけとなり、

図 4・30〈前頁下右〉——**プロムナード・プランテ**
木陰を作るアーチなど、ランドスケープデザインの粋をきわめている。

図 4・31〈前頁下左〉——**二つの建物に挟まれた部分**
建物の間を通る狭い部分もある。

図 4・32〈右〉——**南端の公園**
かつての貨物駅跡が広い公園となっており、そこがヴィアデュックの南の端になっている。

現在シカゴ、ロンドン、リバプール、マンチェスター、グラスゴーなどにも同種の計画がなされているということである。遊歩道にはさまざまな趣向が施されており、時には建物に挟まれた狭い空間もありながら、変化にとんだ周囲の景観を眺めながら行きかう人々とあいさつをしたりする、楽しい散歩を満喫できる場所となっている(図4・30〜32)。

一方、環状線のプティット・サンチュールのほうは、全長が三〇キロを超え、途中多くの部分が現在も鉄道用地になっていたり、多用途に使われたりして断片化しているが、一部では線路を残したまま遊歩道になっていたりする(図4・33)。そんななか、モンパルナス駅近くのジョルジュ・ブラッサンス公園に隣接する部分には駅舎が残り市立シルヴィア・モンフォール劇場の一部として使われている。公園内では古本市に使われる手の込んだ鋳鉄製の美しい連続屋根を見ることができる(図4・34)。この公園はかつて家畜の屠殺場として使われていたところで、今では養蜂場や農園があったりして楽しい空間になっているが、入り口の立派な門には牛や馬の首が飾られていて、その歴史を物語っている。

都市の中を歩いて巡ることができる環状線の活用は、ようやくパリ市も注目していると ころで、今後各所で整備が進めば、ニューヨークのハイラインにも匹敵する名所になることは間違いないと思われる。

図4・33〈上〉——プティット・サンチュールの線路
線路は市内各所に残り各種の用途に供されているが、放置された部分も多い。しかしこれからの活用の仕方が楽しみともいえる。

図4・34〈下〉——古本市
プティット・サンチュールの駅に隣接して設けられた市場の建物が、現在は古本市の会場として利用されている。

5章　ドイツの動き

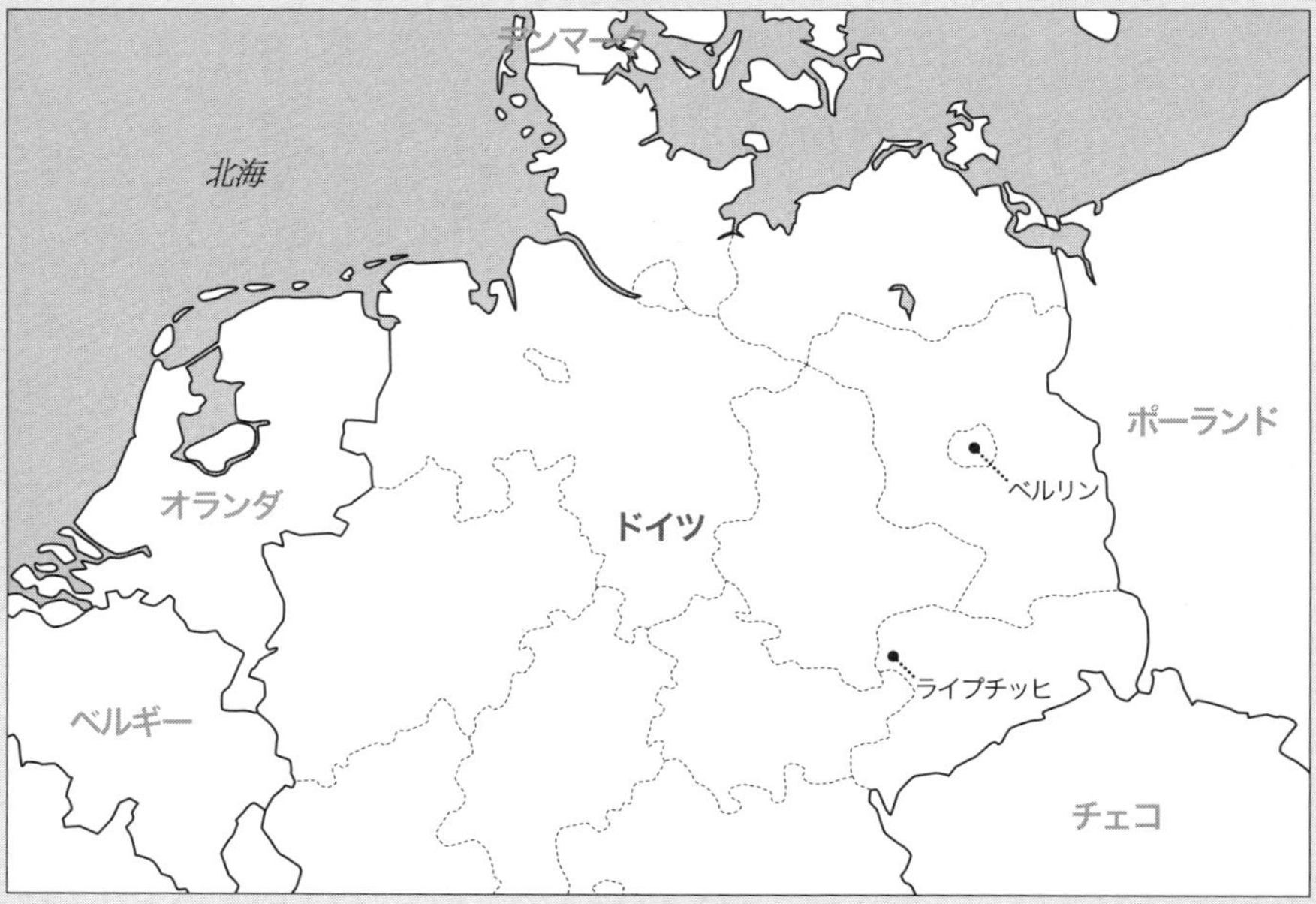

二〇〇四年鹿児島大学の調査で訪問したのはフランクフルト、カールスルーエ、フライブルグ、シュトゥットガルトなど西部の都市で、LRTの導入など交通体系の革新、環境共生などの状況を知ることができた。二〇一三年のHEAD研究会の調査ではベルリン、デッサウ、ライプチッヒのリノベーションを中心に見て回った。ベルリンでは世界遺産となったジートルンクと呼ばれる集合住宅群を主に視察し、そのリノベーションの状況を把握した。その後我々はデッサウチームとライプチッヒチームに分かれて行動したが、私自身は若い日本人二人が再生事業に取り組んでいる様子を見たかったので後者のチームに加わった。

デッサウは近代美術の源流の一つバウハウスの校舎が修復保存されている近代建築の聖地のような場所で世界遺産に指定されているが、一方、ドイツ連邦政府が東西ドイツの統一のシンボルとして、新しく先進的な環境共生技術を駆使したドイツ連邦環境省庁舎を設置したまちでもある。視察団は、この庁舎の素晴らしさを帰国後研究会で発表した。

5・1 世界遺産の集合住宅――ベルリン・ジートルンク

一九一八年、第一次大戦で敗北したドイツは、それまでの帝政国家から共和制に代わることになった。戦勝国から課せられた戦後賠償金は莫大なもので、国民の生活はきわめて悲惨な状況に陥っていたが、そのなかから社会民主主義に基づく政府がワイマールに樹立され、不安定ながら、さま

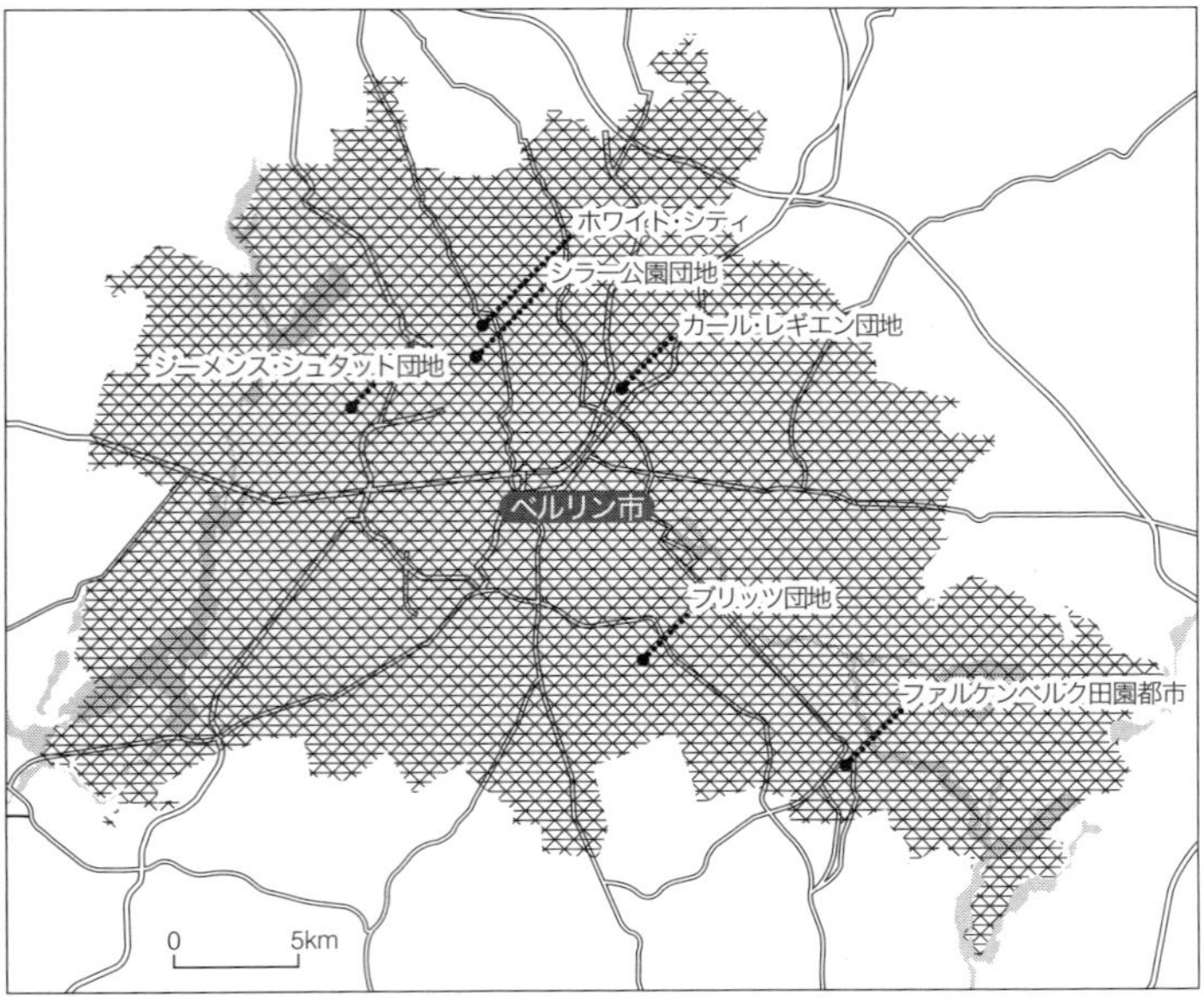

ざまな野心的な試みを行っていた。

その一つが憲法に社会権の規定を盛り込んだことである。社会権とは、国民が、社会的・経済的弱者が人間らしい生活ができるように国家の積極的な介入を求めることができる権利であり、二〇世紀に入って初めて確立した概念であった。当時旧首都のベルリンの人口は、世界のなかでニューヨーク、ロンドンに次いで大きく、ついには四〇〇万人を超えた。そして敗戦国の都市ではあったが、そこにはさまざまな文化の最先端を行く各種の活動が渦巻いていた。その一つがベルリンに流入する膨大な人口に対応するため、居住権を認めた政府をはじめ協同組合など多くの組織が建設した近代的な集合住宅であり、その設計には当時新しい芸術運動に参加していた新進建築家たちを巻き込んでいったことに特徴がある。これを取り仕切ったのが自身もすぐれた建築家でもあったベルリン都市建設局長マルティン・ヴァグナーである。そしてこれらの集合住宅の建設を遂行するために法制も整えられ、国家を挙げて民間建設にも補助金を支給する制度も作られた。このため、戦後すぐの一九一九〜二三年の間は九千戸の建設にとどまっていたのが、一九二四〜三〇年の間には一三万五千戸の集合住宅が補助金を得て建てられた。そしてこれらの住宅は同時代人たちから高く評価されたばかりでなく、第二次大戦後も評価され、早くから保存と修復の手が差し伸べられてきた。なかでもファルケンベルク田園都市、シラー公園団地、ブリッツ団地、カール・レギエン団地、ホワイト・シティとジーメンス・シュタット団地の六つの団地は、その配置計画、平面構成、立面構成、緑地構成などを含めてとりわけ第二次大戦以降の戦

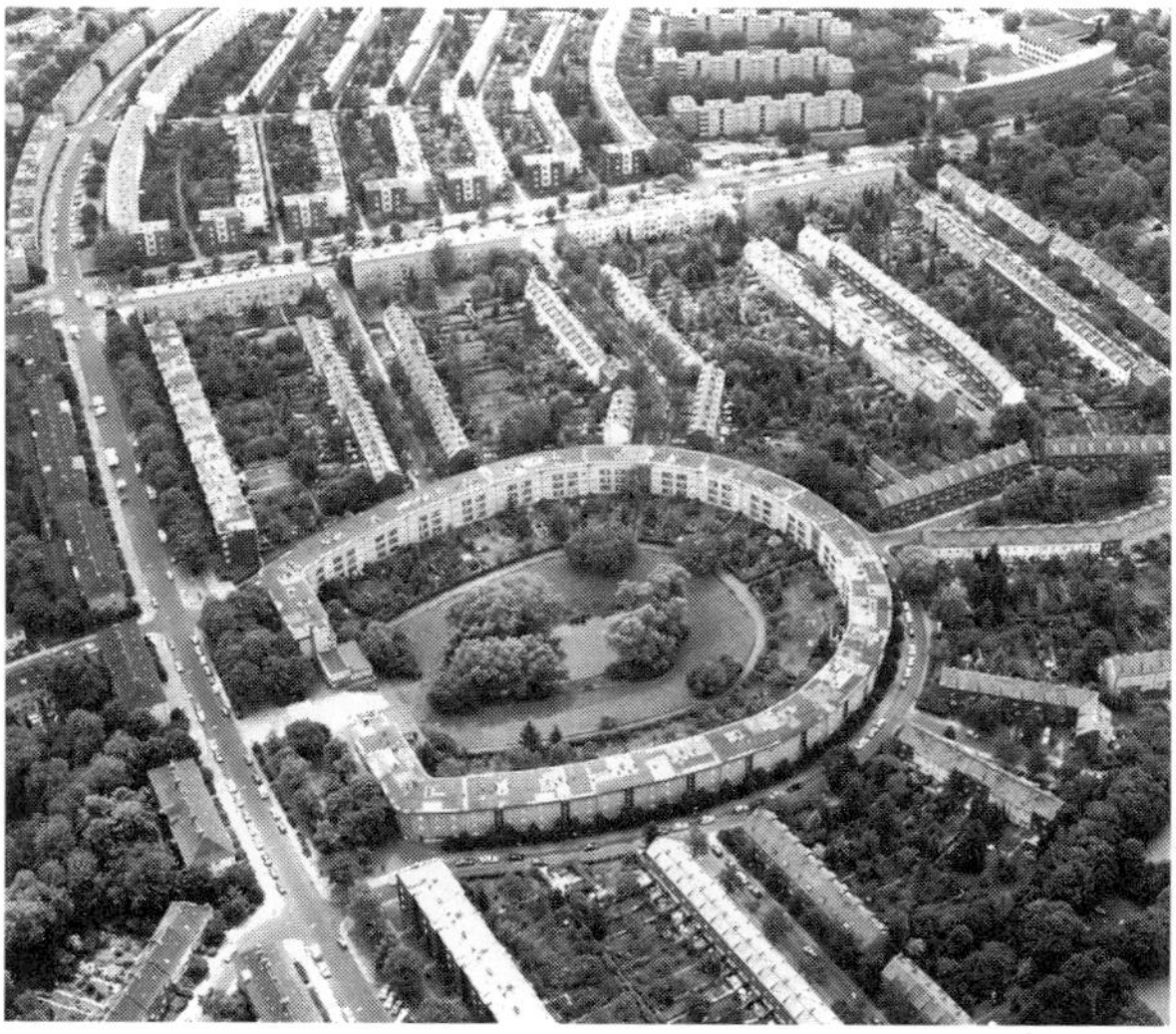

図 5•1 ——ブリッツ団地
（出典：http://www.germany.travel/en/towns-cities-culture/unesco-world-heritage/gallery-berlin-modernism-housing-estates.html）

災復興住宅の建設の際に世界中のモデルとなるほどの影響を及ぼした。そして二〇〇八年には、これらベルリン近代様式の団地は一括して世界遺産として登録されたのである。

これらの団地は、従来は住宅公団が所有管理していたが、現在では個人または投資家に払い下げられている。また世界遺産になったとしても、そこには住民がある以上、環境基準やバリアフリーなどの法令を順守する必要もあり、外観を大きく改変しない範囲内で屋根、外装、床下、開口部の断熱性能向上や、入り口周りのバリアフリー化などの改良工事は行われている。また、多くの住棟の屋根は木造小屋組みが多く、漏水などで腐朽した部分は絶えずメンテナンスが必要である。広い外部空間の一階住戸に面した部分は専用庭にされたり、一階部分に入居した店舗の外部空間として利用されたりして、現代のニーズに合うような改編は柔軟に行われている。

六つの集合住宅のうちもっとも有名なのは後に戦前日本に亡命してきたこともある当時もっとも優れた建築家のブルーノ・タウトが設計した馬蹄形をしたブリッツ団地であろう（図5・1）。現在も三千人を超える人々が住むこの巨大団地の特徴は、何と言っても中央の小さな池を取り囲む巨大な三階建ての住棟である。全長三五〇メートルの住棟には三階建ての住戸が二五戸入っており、各住戸には外側から入る。一方その背後には菱形をした広場を囲む伝統的な切妻屋根の住棟があり、その後ろには長い住棟がほぼ平行に並んでいる。菱形の住棟は地元の地主の要請により、臨時農夫や労働者たちが住むために用意されたものである（図5・2）。この団地は郊外にあるのできわめて密度が低く、明らかに田園都市をモデルに構想されていた。現在この団地は、ドイツ住宅組合と、一部個人所有になっている。メイン道路に面したところにインフォメーションセンター、カフェと一緒に組合事務

図5・2——ブリッツ団地
中庭前で記念写真を撮ったHEAD研究会視察団。

図 5•3〈上右〉——**ブリッツ団地の空室情報**
案内所脇に売買情報が掲示されていた。

図 5•4〈上左〉——**ジーメンス・シュタット団地のハンス・シャロウン棟**
後にベルリン・フィルハーモニーの設計にいたる傾向が見られる。

図 5•5〈中〉——**ジーメンス・シュタット団地のワルター・グロピウス棟**
いかにもバウハウス・スタイル。

図 5•6〈下〉——**ジーメンス・シュタット団地のヒューゴー・ヘリング棟**
表現主義の旗手らしい表現。

所が入っており、空室情報なども見ることができる(図5・3)。
ブリッツとは対照的なのはバウハウスの初代校長を務めたグロピウスや表現主義の巨匠ハンス・シャロウンや、ヒューゴー・ヘリングらが手がけたジーメンス・シュタット団地であり、充分な隣棟間隔を取った平行配置、バルコニーのあるファサード、機能的な平面計画などは、第二次大戦後の世界中の団地の設計におおいに影響を及ぼした(図5・4)。し

図 5•7〈上〉——シラー団地のブルーノ・タウト棟
巧みな設計。

図 5•8〈下〉——ホワイト・シティのザルフィスベルク棟
道路を横断している。

かし、今となってはむしろ、この時代からすでに別の方向性を目指していたシャロウンのカーブしたカラフルなファサード（図5・5）や、有機的なヘリングのデザイン（図5・6）がむしろ新鮮なものとして見える。そのほかブルーノ・タウトが別の才能を見せたシラー団地（図5・7）や、ザルフィスベルクが大胆な道路上の住棟を提案したホワイト・シティ（図5・8）なども注目される。

また、これらの団地での設計には、必ずすぐれたランドスケープ・デザイナーが協力しており、敗戦や世界大恐慌にもかかわらず、細かいところまで念入りな設計がなされていたことに敬意を覚えた。またすでに九〇年以上の歴史を経てきたこれらの建物が、安易に建て替えられることなく原型に戻るよう修復が重ねられ、しかも環境基準や駐車場などの現代のニーズに注意深く対応している努力こそが、世界遺産に指定されたことの最大のメリットであったと考えられる。わが国の同潤会アパートもほとんど同時代の遺産であったが、そのほとんどが取り壊されてしまったことを思うと、その歴史に対する姿勢の差に愕然とする。

5・2　連帯のこころざし——ライプチッヒ

ベルリンからICEに乗ると、八〇分ほどで旧東ドイツ有数の文化遺産を誇るライプチッヒに着く。バッハやゲーテが活躍した都市として歴史に名を残しているここは、中世から東西と南北に走る街道の交わる交易都市として栄え、とりわけここで開かれるメッセ

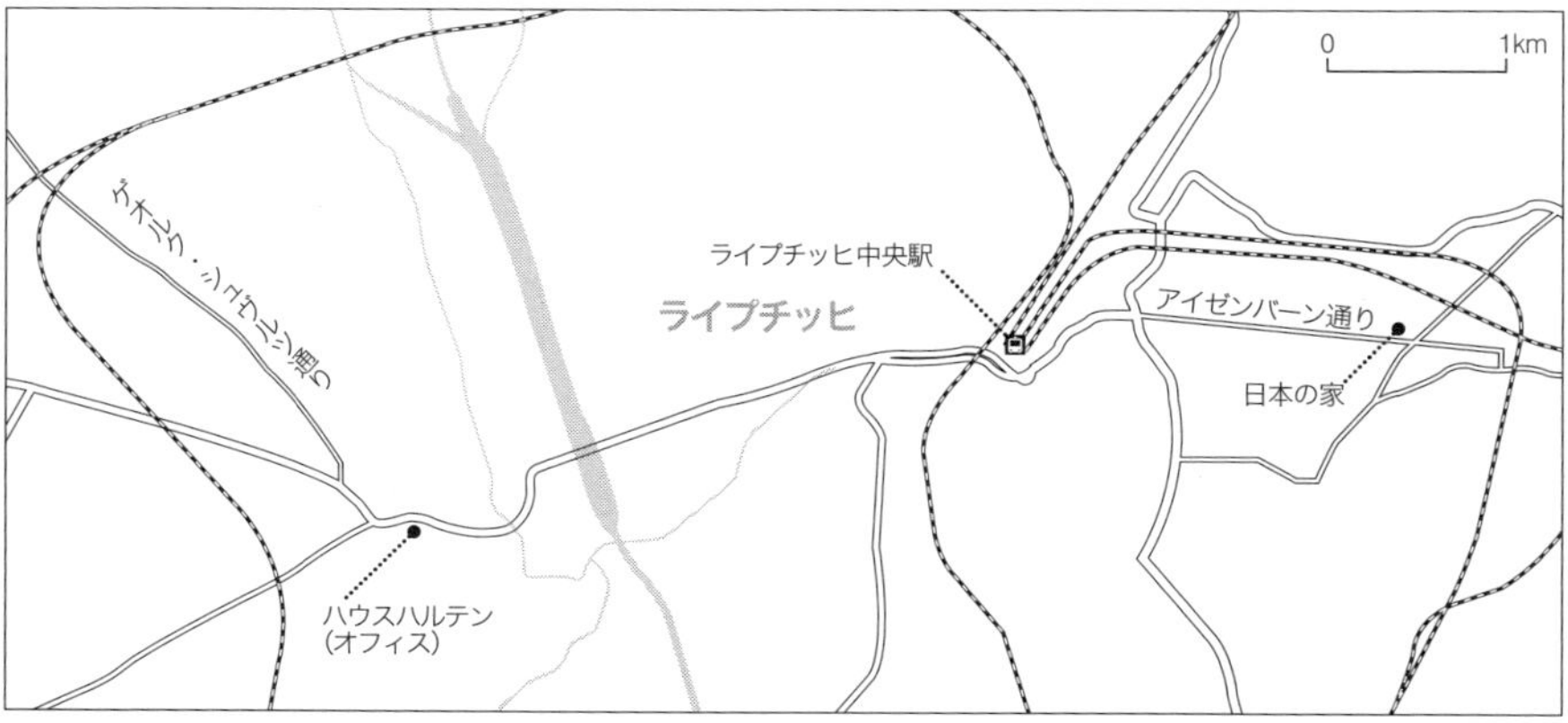

(見本市)は各地から人と物資が集まる場となって、このまちの繁栄を支えた。近代に入ってもこの繁栄は続き、一九三〇年代には人口七〇万にまで膨れ上がったが、第二次大戦後は、当時のソ連占領地となり、やがて東ドイツに編入された。しかし一九九〇年の東西ドイツ統一以後はベルリンをはじめとした旧西ドイツに職を求めて移住する人々が続出して、人口は四〇万人台まで激減して市内には膨大な数の空き家が残された(図5・9)。

とりわけ衰退が目立った市街地東側のアイゼンバーン地区には一九世紀末のグリュインダーツァイト(泡沫会社乱立時代)というバブル期に建てられた立派な建物が並んでいるが、そのほとんどが空き家という状態になっている。一八七〇年のプロイセン時代のフランスとの戦争の勝利でドイツ帝国として発足したこの国は、フランスから膨大な賠償金を得てバブルが発生し、ライプチッヒもその時代にヨーロッパ最大の駅舎をはじめ、紡績工場などを含めて壮大なまちづくりを行ったのである。今は空き家になっている見事な街並みも当時の社宅だったのだというから驚く。しかし、東ドイツ時代に郊外に巨大な団地が建設されるとともに住民は去り、東西統一後は一層人口の流失がまちの衰退を加速させた。

ところが、日本から来た建築家のミンクス典子さんとライプチッヒ大学に学んでいる大谷悠さんはこの地区に「日本の家」という組織を立ち上げ、日本と関連を持つワークショップをはじめ各種の活動を続けている(図5・10)。二〇一三年にここを訪れた我々は、彼らのオリエンテーションを受けたのち、立派な文化財となるような空き家の立ち並ぶまちを案内してもらった。ここで目立ったのはハウスハルテン(家守の家)という空き家仲介団体の垂れ幕の下がった建物で、そこはこの団体が管理していることを示しているのである(図5・11)。この団体は文化財的価値のある建物を無償で貸しだす所有者と、その中に自ら

図5•9——かつてはヨーロッパ最大駅であったライプチッヒ駅
地下に大きなショッピング・センターが入り、おおいに賑わっている。市内はLRTが走っていてきわめて便利。

図 5•11〈上〉——ハウスハルテン事例
大邸宅風の集合住宅をハウスハルテンの事業として改装中。住民が自ら改修をする。

図 5•10〈上〉—— 19 世紀末に建てられた遺産
ミンクスさんと大谷さんが運営している「日本の家」は、この建物の 1 階に入っている。この立派な文化財的建物も少しずつ改修して大谷さんが住んでいる。

居住できる内装や設備を整える使用者の間を取り持つ役割を果たしている。所有者は空き家に住人が入ることによりバンダリズムによる破壊行為を防止できるし、自らの負担なしに建物の価値を上げることができる。むろん最低限の設備の整備や屋根の修繕などは所有者の負担である。また最低限の共益費は使用者が所有者に支払い、ハウスハルテンには毎月定額の寄付金を払う。この団体はさまざまな職種の人々が集まって設立したNPOであって、設立当初は雇用創出策として市労働局の補助を得ていたが、現在は独立採算である。

ハウスハルテンのユニークな所は、歴史遺産をかつて投資目的で買いあさった不在家主たちが、エリア価値の低下を見て維持管理をせず空き家として放置しているのを憂えた市民や市当局が、所有者の一部負担に期待せず、最低限の維持管理をしてくれる人に建物を使ってもらうという発想をした点である。かくして「使用による保全」をスローガンにハウスハルテンが二〇〇四年に設立されたのである。一方ライプチッヒにはBMWの新工場ができ、国際物流会社のDHLの拠点が近くの空港に進出するなど、経済活動が復活してきており、不動産価格も高まっていて、ハウスハルテンのモデルとなる新規案件は減少しだしている。そのため、この団体は新たに「増改築ハウス」という新たな空き家仲介プログラムを開始した。これは、家賃は安いのだが使用者が最低限の機能以外の補修改修を行うという契約を所有者と直接結ぶ方式で、契約期間も従前五年間に固定されていたのを自由に契約できることにしたことから、とくに所有者からの問い合

図5•12〈左〉——子ども食堂
楽しい絵が建物の内外を飾っている。どの店も入っている

図5•13〈次頁〉——子ども食堂の中庭
階段を上がるとシングルマザーたちの集合住宅。庭には野菜や果樹を植えてあり右側に見える食堂で使う。

わせが増えているという。

ところで、「日本の家」の筋向いに楽しいイラストが描かれたカラフルな建物が建っていて「子ども食堂」と名づけられている（図5・12）。これはある篤志家の寄付金によって空き家を買い取った建物を、低収入で子だくさんの母子家庭のための集合住宅に改造し、その一階で多忙な母親のもとでちゃんとした食事をとれない子どもたちに、ただ空腹を満たすためではなく、ちゃんと栄養バランスの取れた食事を調理することを教え、食べさせる食堂で、二〇一二年から「ライプチッヒ市子どもと女性の支援団体」が市の助成金を得ながら運営しているのである。子どもたちはバスに乗って全市内からここに集まってきている。ここでは、調理に際しては子どもたちが楽しめるようさまざまなプログラムが用意されていて、たとえば「おとぎ話」をテーマにした回では登場人物のコスチュームづくりから始まり、物語に出てくるスープなどを調理して全員で食卓を囲んで食事をする。中庭にはリンゴの木やハーブなどが植えられていて、子どもたちはそれを土の付いた状態で台所に持ち込んで食材を確認しながらそれを調理して食べる。ここの食器は壊れるかもしれないけれどもちゃんとした陶磁器のもので、インテリアは洗練されており、誕生パーティーに貸切にすることもできる。また二階には遊具や絵本が集められた部

屋があり、子どもたちが必要に応じて宿泊することもできる。その上階は先に述べた集合住宅の住戸が入っており、ここの家賃も食堂の活動を支えている(図5・13)。ここの運営者は女性であるがそのパートナーの男性はアーティストで、外壁の壁画や楽しい内装は彼の制作である。この団体は寄付されたビルを含めて三棟の女性保護施設を運営していると言っていた。

我々は、ここを訪れた後、市西部の空き家集積地のゲオルグ・シュヴァルツ通りを訪れ、東部のハウスハルテンと同様の事業を行っている若い女性から説明を受けたが、問題点は、最近地域の魅力がデベロッパーによって見直されるような気運があり、スクラップ・アンド・ビルドによって、商業的な住宅開発が進められつつあるということだった。彼女はあくまでも地元に生まれ育った自分たちが、かつての遺産を再生する主役になりたいと言っていた(図5・14)。彼女は実際に自ら投資して空き物件を買収したのである。東西ドイツが統一されたとき、このまちから多くの人々がベルリンなどへ逃げ出していったのだが、故郷に残った人々は、苦境を自ら打開して、まちの再生復活に身を投じている。それはたぶん共産主義を信奉して連帯を唱えていた時代からのある種のこころざしの継承ではないか。東西ドイツ統一革命は、このまちの中心にあるニコライ教会から始まったと言われているが、そのような熱い市民の想いが感じられた訪問であった。

図5・14——ゲオルグ・シュヴァルツ通りの空き家集積地
中央の女性が起業家精神の高い人。このぼろぼろの建物を少しずつ手を入れながら改修している。

6章　オランダの動き

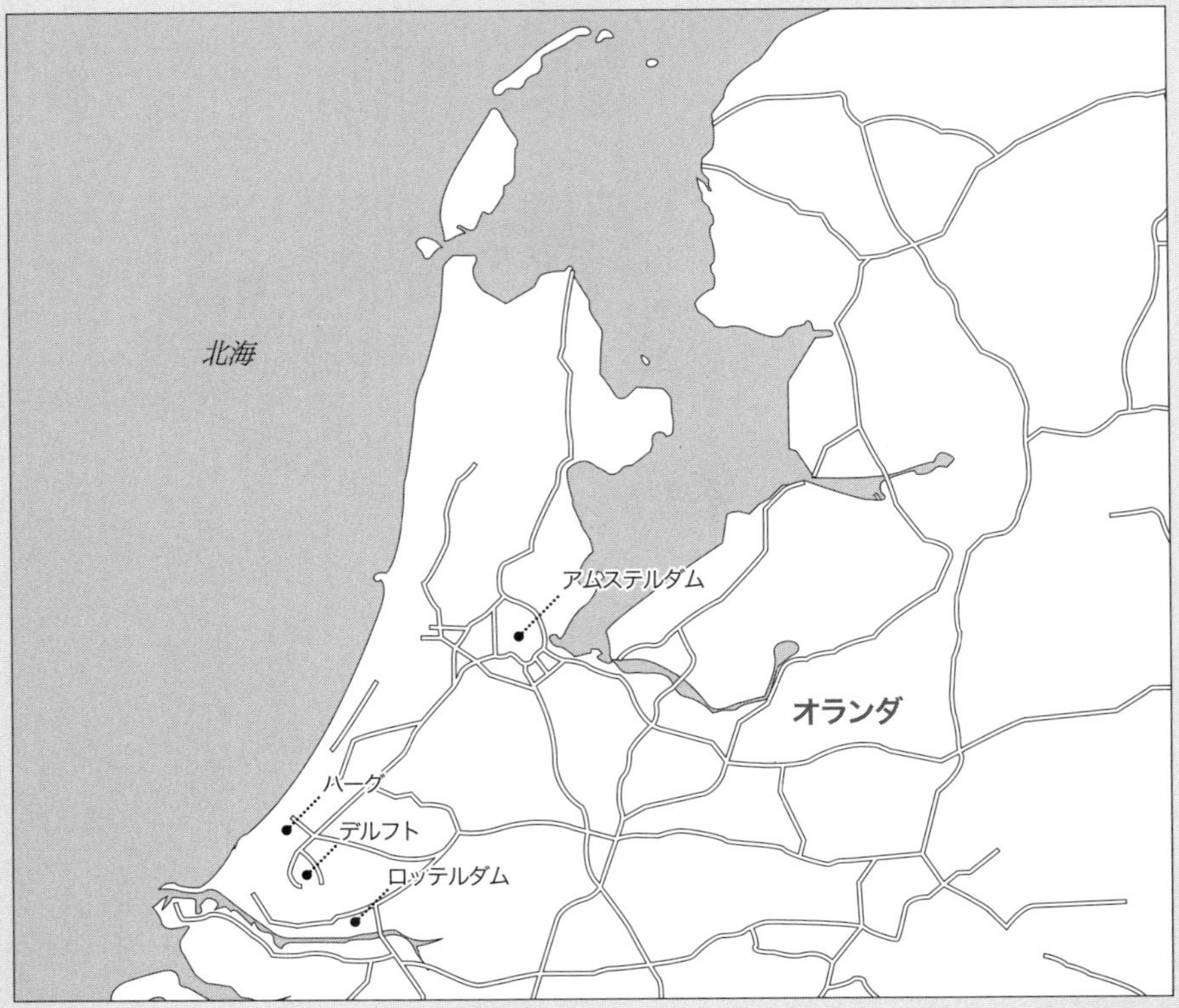

鹿児島大学の科学研究費で実施した二〇〇四年の調査では、アムステルダムをコンパクトシティのモデルとしてはどうかという視点で視察を行い、とりわけランドスケープ・デザイナーのアドリアン・ヒューゼがマスタープランを作ったボルネオ・スポレンブルグ島の集合住宅が、京都の町家の間口が狭く奥行きが深く中庭のあるタイポロジーをモデルとしていることに着目した。

しかし二〇一三年のＨＥＡＤ研究会の調査の主目的はリノベーションの現状把握であったので、地元で活躍されている日本人建築家たちの協力を得てアムステルダムの有名なリノベーションホテルを拠点に、ハーグ、デルフト、ロッテルダムの事例を見て回った。前著『まちづくりの新潮流』で近代建築主義の三大失敗例の一つとして示したベルマミーア団地は、その後減築や空き地活用などですっかりその様相が変わっているが、ここでは取り上げない。

6・1 大使館としてのホテル――ロイドホテル

私は鹿児島大学にいた二〇〇四年に、アムステルダム駅周辺の使われなくなった埠頭地区の再生計画を中心に調査を行った。その際もっとも関心を引いたのが、京都の町家にインスピレーションを受けたというランドスケープ・デザイナーのアドリアン・ヒューゼのマスタープランによるボルネオ・スポレンブルグ島のプロジェクトであって、二〇一三年

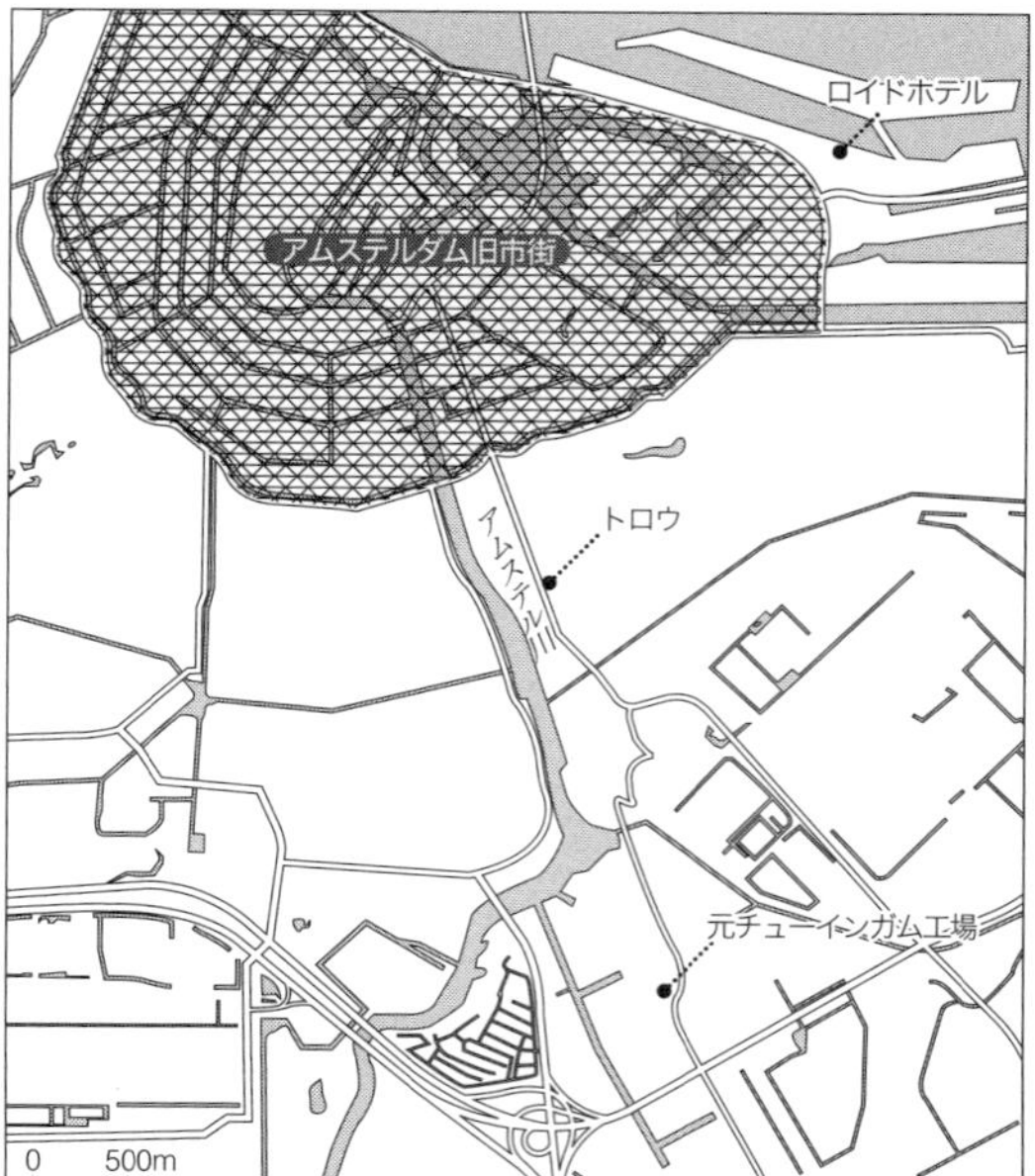

のHEAD研究会チームによる再訪の際もその素晴らしい環境を見て、都市再生の名作と呼ぶことができることを再確認した。この際泊まったのは、その隣りの放置された港湾施設の散在する地区にあった元刑務所をリノベーションしたホテルであった(図6・1)。

この建物は一九二一年ロイヤル・ロイド・ホテルという海運会社が南米航路乗船者用のホテルを目指して、エヴェルト・ブレマンという建築家に折衷様式で建てさせたものであるが、工事費が予定の八倍もかかり、結果は東欧から流れ込んだユダヤ人たちの仮住まいとして使われた末、一五年後に倒産してしまった。その後、アムステルダム市がこれを買収し、一九三八年からはドイツを逃れたユダヤ人難民の避難所となった。第二次大戦中から戦後にかけては刑務所として使われ、一九六三〜八九年にかけては少年院として使われた。その後は、主として旧ユーゴースラビアからやってきたアーティストたちに貸しだされた。

一九九六年にこの建物を再利用するスキームのコンペが行われ、アーティストのスザンネ・オクセンダールと歴史家のオットー・ナンがこのホテルをアムステルダムの「文化大使館」とするというコンセプトを提出し、新進気鋭の建築家グループMVRDVがリノベーションを行って二〇〇四年にオープンするにいたった。建物自身は二〇〇一年に文化財登録がなされ、一一七室のこのホテルは、「文化大使館」というコンセプトに従って常時さまざまなイベントが催され、館内には図書室もあり、きわめてユニークな存在となっている。「大使館(エンバシー)」とか「大使(アンバサダー)」という言葉は、外交の文脈というよりはアートの文脈で使われる用語のようで、アートの世界に疎い一般人とアートの懸け橋となるという意味あいを持っている。この言葉は後にふれるチューインガム工場のリ

図6・1——ロイドホテル正面玄関側

ノベーションのプロジェクトでも用いられていた。

ホテルとしてのこの建物はまったくこれまでの概念を覆すもので、既存の建物の中心部には床を大きく取り除いた吹き抜けが作られ、その中を複雑な経路で上り下りする木製の階段に沿って、レストラン、ショップ、図書室、会議室などが散りばめられている(図6・2、3)。この吹き抜けを通して、内部で行われているさまざまなイベントにふれることができるようになっている。客室のほうはさまざまなグレードの広さと設備が与えられており、客はそのニーズに従って選ぶことができるが、共通するのは、どの部屋も既成概念を大きく逸脱した構成となっていることである。バスルームの仕切りがなかったり、クローゼットの中にシャワーがあったり、日曜大工で作ったような家具が置かれていたり、まったく意表を突く姿に、私と同行したグループの中にはいたたまれなくなって逃げ出したものも出るほどであった(図6・4、5)。とはいえ、このようなコンセプチャルな空間体験を楽しむことができる宿泊施設は比類ないものであり、今では世界中から多くの宿泊客を集めている。

このホテルはアムステルダム駅東側地区で現在も整備が進められている地域にあり、周辺にはまだ空き地が残り、駅にいたるトラムの走る道沿いには巨大な旧倉庫のリノベーションが進められ、その中にはライブハウスやカフェが散りばめられていて、空き地ではいろいろなイベントが催されているものの、旧市街地内の賑わいに比べるといささかさびしい。しかし、この実験的な「大使館」ホテルはすでに一〇年間の年月を経て周辺地域の核となっていることは間違いない。

ホテルは運河に面しており、そこの桟橋から船をチャーターして運河巡りに出かけるこ

図6•5 ——ロイドホテルの寝室
寝室はいろいろなタイプが選べるが、これは三ツ星クラス。テレビは映らない。インテリアは有名デザイナーたちがさまざまな趣向を試している。実験室のようである。

図 6・2〈上〉——**ロイドホテルのレストラン**
朝食はここで取る。夜はバーにもなる。

図 6・3〈下右〉——**ロイドホテルの構成**
吹き抜けに面して図書室や小会議室などが設けられている。

図 6・4〈下左〉——**ロイドホテルの廊下**
廊下には刑務所時代の記憶が残る。一番奥に上階に登る階段がある。

とができ、我々もここを出発してさまざまなプロジェクトを水上から眺め、市街中心部まで進んで二〇世紀初頭のアムステルダム派のハウジングの名作も訪問することができた。運河による街巡りは無騒音無排気電気ボートで非常に快適で、アムステルダム訪問の際はぜひお勧めしたい(図6・6)。

6•2 アーティストを「大使」に——元チューインガム工場複合施設

アムステルダム市近郊にはさまざまな工場が立地しているが、わが国と同様それらの多くは住宅やオフィスといった用途に切り替わっていった。多くの場合、古い建物は取り壊され新しい建物を建設するのであるが、投下資金の利回りを考えると既存の建物をリノベーションしたほうが有利になる場合が多い。HEAD研究会のメンバーとともに現地在住の建築家吉良森子さんの案内で訪れた元チューインガム工場はその一つである。デベロッパーは民営化された住宅公社からスピンアウトした二人のパートナーが立ち上げたリンゴット社という会社で、スタッフ数は九名という小世帯ながらユニークな発想で仕事をしているグループである。社名はイタリア・トリノにある有名な旧フィアットのリンゴット工場をリノベーションした施設から借用したもので、彼らの前向きなスタンスが反映されている(図6・7、8)。

外観から見るこの建物はきわめて殺風景で魅力のないものであり、しかも無計画に増築されていったようで構造もまちまちであった。パートナーの一人ヘラルド・コメロ氏によ

図6•6〈右〉——ホテルの前で乗り込んだ電動ボートで運河巡り
そろいのTシャツで喜ぶHEADメンバーたち。深尾精一さんの撮影。後方に見えるのは前著『まちづくりの新潮流』で紹介した集合住宅。

図6•8〈次頁下〉——元チューインガム工場の外観
外装を変えて窓を増設。最上階に放送局を増築したメディア関連テナントを集積した元管理棟。リンゴット社は右側の低層部に入っている。

ると、彼らはこの多様性を逆手にとって、リスクの高い事業を段階的に進めていった。初めに、ほとんど手を入れないですむ天井の高い空間を仕切ってアーティストたちに入ってもらう。投資額は少ないが家賃も安い。ところが彼らには人脈があり、口コミで多数のアーティストたちが集まるなかで、成功して知名度が高くなる人も出てくると、この場所の名前が広く知られるようになる。そうすると、もう少し高い家賃を払えるいわゆるＩＴ関連や音楽関連などのクリエイティブ産業が入居するようになる（図６・９）。そして最終的に施設内でもっとも高いオフィス棟を

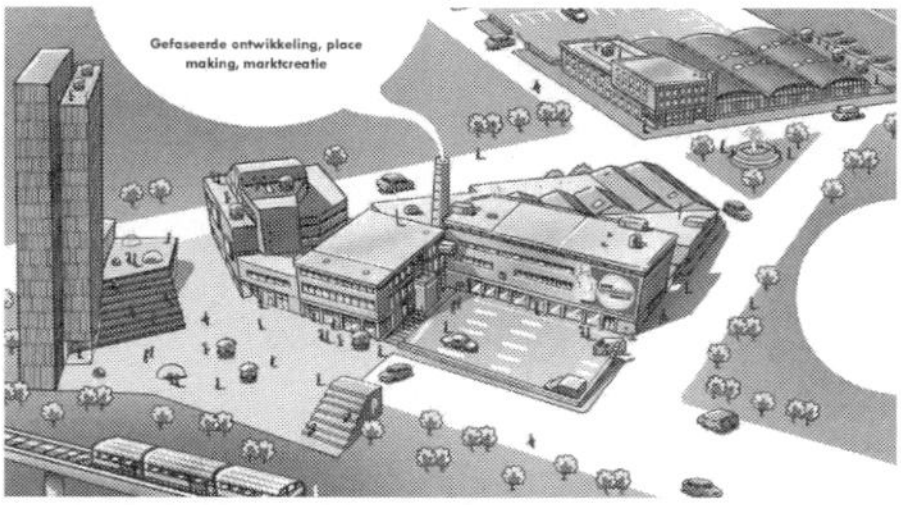

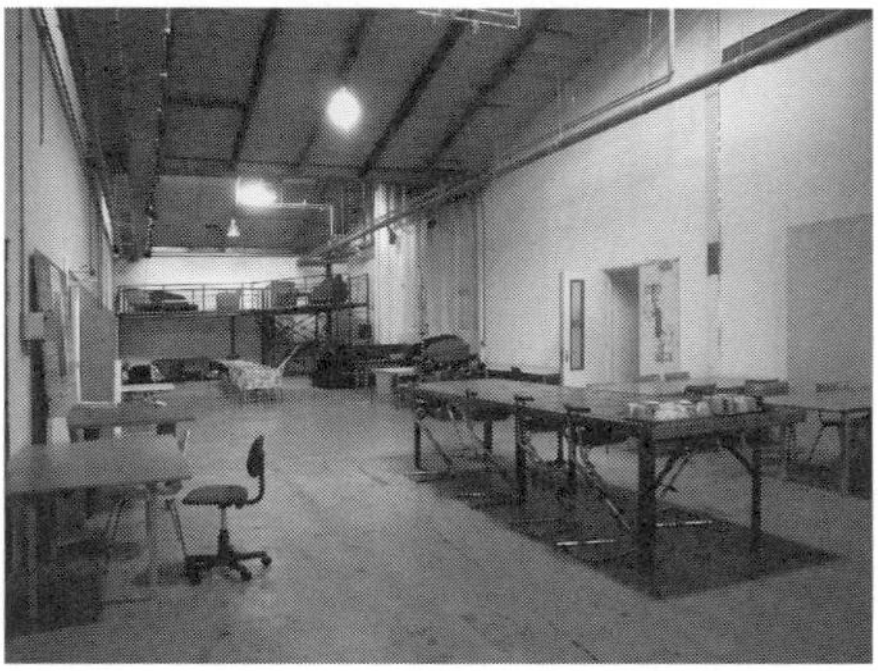

図 6•7〈上〉——元チューインガム工場の完成予想図
左端のタワーが最終目標のホテル。それ以外はほぼ完成。

図 6•9〈中〉——テナントスペース
工場スペースを壁で仕切って使っている。使われている家具などのデザインが良い。テナント料は安い。

改装して、その最上階に有名なＤＪを抱えたＦＭ放送局を誘致した(図6・10)。ここのスタジオは深夜放送のために夜も明るく、そばを走る高速道路からもよく目立つのである。

当初ほとんど利益の出ない家賃で始めた事業も、後に入居するテナントから入る利益の出る家賃に相殺されて結果的にかなりの利潤を生みだし、彼らは次に隣地を購入してそこに需要の高い高層ホテルを建てる計画を立てている。コメロ氏は、「アーティストは大使の役割を果たしてくれる」と言った。つまり彼らに金はないかもしれないが広報能力があるという意味である。前にふれたロイドホテルが「文化の大使館」を標榜していたのと同じである。クリエイティビティが経済を牽引するというリチャード・フロリダの所説がまさに実証された事例である。民営化した住宅公社から分かれたほかの大規模なデベロッパーの多くはリーマンショック前は繁栄していたけれども、不況に襲われた現在では苦境にあるのに対して、小規模組織として特色あるコラボレーションでアイデアを提示するこのデベロッパーには活気がみなぎっており、我々が訪れた時もアムステルダム駅に面するアイ川の対岸に建つ高層ビルの改装プロジェクトのプロポーザルに当選して意気が上がっているところであった。

リンゴット社のオフィスは、この旧工場の二階にあり、広々したスペースに美しい家具が整えられ、しかるべきデザイナーのインテリアデザインによるセンスの良さが感じられた。テナント企業の中もいくつか見せてもらったが、そのなかの一社は空気で膨らませるビニール製のソファを開発販売しているところで、製品は大阪に輸出していると言っていた(図6・9)。ここもデザインのクオリティが高く日本の中小企業の多くが垢抜けない社屋にいるのとは大きく違う。放送局も内部を見せてもらったが、ここもゆとりあるスペース

図6・10——放送局内部
ヴィヴィッドなインテリア。テナント料が高い。

にカラフルなインテリア家具が並び、素晴らしいデザイン感覚が印象的だった。メイン駐車場に面した一階にはテナントたちの共有スペースとしてダイニングホールが設けられていたが、キッチンはまだ稼働していなかった。いずれにせよ、すべてにわたってアートやデザインに対する感覚が鋭く、クリエイティブな場の作り方に学ぶべき点が多かった。

6・3　伝説のクラブ——トロウ

第二次大戦でオランダは結果的に戦勝国になったものの、戦争中東インド会社以来植民地としてきたインドネシアを日本に奪われ、本国はナチスドイツに占領されてしまった。そのダメージはかなり大きく、オランダには現在でも日本人に対して好感を持たない人もいると聞く。ドイツ占領時代の状況については有名なアンネの日記に記されているが、この間、ひそかにレジスタンスの新聞を発行していたのがオランダの代表紙トロウだという。その社屋が郊外に移転するとアムステルダム東部の繁華街に立地するその社屋は巨大な空き家となって残された。とりわけその内部の印刷工場は新聞社特有のものであり、巨大なペーパーロールを地上から搬入して、地下に紙を下す仕組みや、インクが擦れてできたシミなどがその建物の歴史を物語っている(図6・11)。

この社屋の処分については最近の不況を考慮して当分延期することになり、結局オラフ・ボスワイクという有名ＤＪが一、二階と地下を使ってクラブ／レストラン

図6・11 ——トロウが入居する元新聞社社屋外観

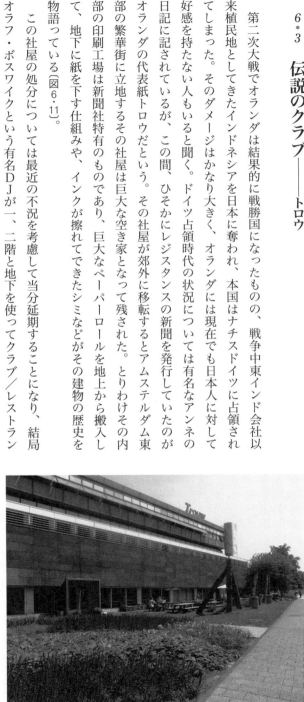

図6・12 ——トロウの内部の屋台のようなキッチン

／アートギャラリーの複合施設として借り受けることになった。彼は、それ以前兄ブライアンやそのパートナー・コーエンとともに「11」という名前の同種の複合施設を中央駅隣の空き家になった元郵便局の建物の一一階で経営していたが、この建物が取り壊されたので別の場所で同じコンセプトをさらに進化させようとした。彼らのもとには「11」の成功を見た人々から多数の空きビルのオファーがあったのだが、そのなかではこの旧新聞社社屋がもっとも魅力的だったというわけである。そして二〇〇九年にオープンしたこの複合施設はたちまち国際的評価を受けているが、二〇一五年一月三日の閉店が予告されている。

ＨＥＡＤ研究会のチームが訪れたとき、内部の案内はボスワイク氏自身が熱心にしてくれ、彼の誠実なパーソナリティに我々は深い感銘を受けた。彼の説明で面白かったのは、この種のビジネスは比較的簡単に始められるので、期間限定でやることになにも抵抗がないと言っていたことだった。どういうビジネスモデルでやっているのかは尋ねなかったが、三つに分かれた部門がそれぞれ独立採算でやっていて、中心にいる彼が全体のバランスを見ているということのようである。地上階は木造のやぐらのようなキッチンの屋台が中心に置かれ、吹き抜けの周りの二階のギャラリーは大きな階段と一体となってダンスフロアを形成している(図6・12)。地下はギャラリー、ファッションショー、その他もろもろのイベントに対応できる広大なフリースペースになっており、さまざまなニーズに対応している。上のキッチンからも千人分のケータリングができるということである。ここには大きなキャパシティを持つトイレが備えられており、これまで蓄積してきた経験が活かされているようだった(図6・13)。

ここを開設するにあたって、深夜営業を取り締まる市や警察との折衝はかなり困難であ

図6•13——トロウ地下スペース
HEAD メンバーに説明するボスワイク氏

ったが、彼らは客たちが守るべきルールを明示しており、これを守れない客は追い返すと明言している。このような自主規制と、新しく市長になった人の理解力によって、彼らはついに二四時間営業の許可を得たのである。この時には市長もここを訪れて、彼らを祝福したというが、その映像がユーチューブに流れている。ボスワイク氏は、アムステルダムが多くの観光客たちを世界中から集めているのは事実としても、ナイトライフの楽しみという点ではニューヨークやロンドン、パリなどには大きく水をあけられていると考え、このことに大きくこだわったようだ。わが国ではクラブでの深夜のダンスを禁じる悪法が施行されているが、ナイトライフの充実ということも都市の国際競争力を高めるために必須な条件と言えよう。日本国内の地方都市を訪れると、夕方早くから街の明かりが消えだすところが多すぎるような気がする。これは観光客ばかりでなく、まちの若者たちにとっても絶望感をもたらす現象ではないだろうか。

私がこの視察から帰国後、お礼のメールを送ったところ丁重な返事がボスワイク氏からあり、一度日本にも来たいと言ってきた。DJと言えばかなり調子の良い人物という印象があるが、彼は物静かできわめて知的な人物で、私は出会ったとき一目で魅了されてしまった。こころざしが高く、しかも美的センスに溢れたこのような若者が活躍できるこの国の未来は明るいだろう。このクラブの閉店に当たっては、『トロウ・ブック』という本の刊行が予告されているが、ここは文字通り伝説のクラブとして永遠に語り継がれるアムステルダムの遺産となるだろう。

6・4 埠頭のリノベーション——ロイドクォーター

アムステルダムと並んで運河を利用した港町として発展してきたロッテルダムも、船舶の巨大化により、水深の深い外洋に直接面したコンテナクレーンを備えた港ができるにつれて、従来の河川に面した埠頭が無用の長物化して、その跡地利用が大きな課題となってきた。その一つロイドクォーターも、埠頭に建つ倉庫、発電所などの建物を取り壊さず、新築部分と組み合わせる手法によって再生利用した事例である。このような再生利用は、スクラップ・アンド・ビルド方式によりいったん従前の建物を取り壊し除去して新しい建物を改めて作る手法よりも、一般的に手間と費用が掛かると考えられてきた。そのため私たちが以前調査したアムステルダム東地区の埠頭の場合には、その周辺のすべての建物が新築であったが、二一世紀に入ると取り壊しによる廃棄物の発生や環境破壊に対する配慮と、景観保全の観点からリノベーションを採用する手法がオランダはもとより世界各地で大幅に増えてきている。ロッテルダムでも多数の埠頭でリノベーションが行われているが、HEAD調査団は現地在住の建築家渡邊英里子さんの案内で、その一つとしてこの埠頭地区を選んだのである。

この地区内には一九〇〇年頃、進展する地域の工業化や、増え続け

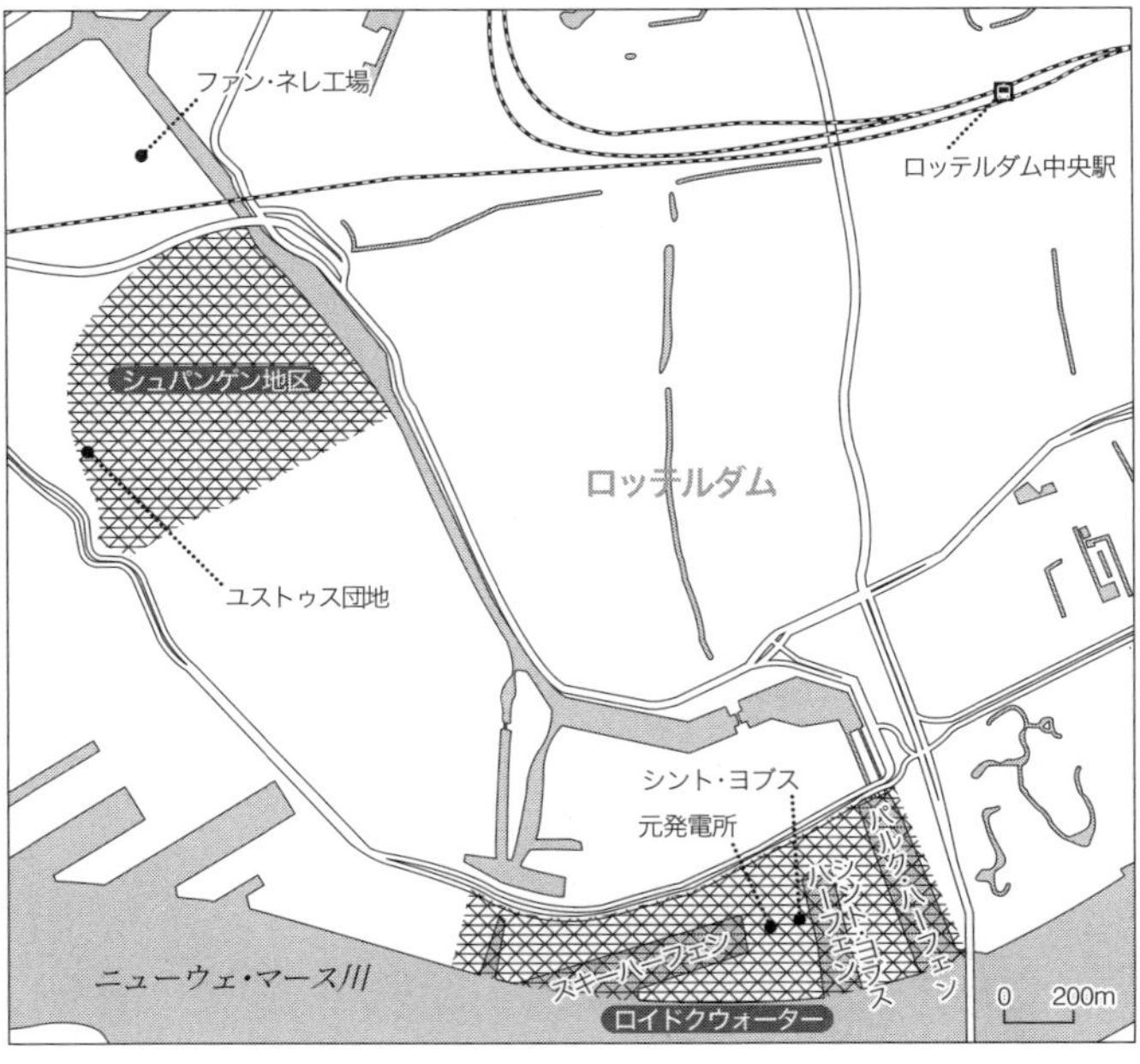

図 6•14〈上〉――**シント・ヨブス正面**
元の倉庫が高級マンションに変貌。各所に吹き抜け空間を設け、そこから間接的に採光を取っている。外観を大きく変えないで、倉庫を住宅に改装する工夫。(出典：http://www.mei-arch.eu/projecten/jobsveem)

図 6•15〈中右〉――**シント・ヨブス海側**
運河側には元荷物の搬入口であったバルコニーが出ている。(出典：http://www.mei-arch.eu/projecten/jobsveem)

図 6•16〈中左〉――**シント・ヨブス内部**
構造はコンクリートを充填した鋳鉄製の柱で木造床を支える方式。採光はバルコニー側と吹き抜け側から取る。

図 6•17〈下〉――**水回り**
非常に洗練されたインテリアである。

図 6•18〈次頁右〉――**バルコニー**
バルコニーは奥行きが深い。隣戸との仕切りはほとんどない。

図 6•19〈次頁左〉――**ペントハウス住宅**
テラスは見晴らしがよく日当たりも良い。

る物資の流通に対応してスキーハーフェン、シント・ヨブスハーフェン、パルクハーフェンなどの桟橋が整備され、そこにオランダ初の発電所や、植民地からもたらされた物資の倉庫などが建てられた。またここにはロッテルダム・ロイド会社のオランダ領東インド航路の旅客ターミナルも設けられ、総体としてロイド地区と呼ばれるようになったのである。一九五一年に九〇〇〇人の兵士とその家族が独立した東インドからこの埠頭に帰還し、その後一万二五〇〇人に上る現地民もここに渡来して全国に散らばっていった。しかしその後埠頭としての活動は急速に衰え、また発電所の相対的価値も低まり、この地区は各種催し物の会場に使われるようになり、今ではメディア、アニメ、デザイン、情報通信関連企業などクリエイティブ企業が集まっている。またスポーツ施設や集会施設も飲食施設とともに多くの人々を引き寄せている。

この地区でもっとも目立つランドマークは一九一三年に建てられた巨大な倉庫シント・ヨブスである。構造はきわめて特異な方式で、外側のフレームとファサードは鉄筋コンクリート造ながら、内部空間はコンクリート充填鋳鉄パイプの柱と、木造床で構成されている。陸側のファサードはレンガ積みで化粧されているが海側は積荷の上げ下ろしのためのデッキがついた実用本位の外観である(図6・14、15)。使われなくなった多くの倉庫などが取り壊されるなかで、この建物には当時オランダ最大のナイトクラブであるナウ・アンド・ワウが入りここに集う人たちから、ここの魅力が広く伝わるようになり、ついに二〇〇〇年には保存登録建物に指定されることになった。やがて、多くの人々が関わるなかで、この建物は分譲住宅として改装されることになり、設計はロベルト・ウィンケル氏が率いるMEI設計事務所が担当した。文化財となったこの建物外観をできるだけ変えずに集合

住宅としての採光・通風を確保するために、彼らは、この長い建物の三カ所にアトリウムを挿入し、そこにエレベーターを新設し、排煙や避難の手段とした。各住戸は広い床をかなり自由に区画して入居者の多様な要望に応えることに成功した。また最上階の屋根は取り除かれその代わりにロフトスペースが載せられ、ここは断面的にもバリエーションを選ぶことができる（図6・16～19）。

シント・ヨブスと広場を挟んで対面するのは元発電所をリノベーションした複合施設で、集合住宅、スーパーマーケット、オフィス、ホテル、各種メディアスタジオ、テレビ局、ラジオ局、駐車場などが数棟に分かれ、総面積一〇万平方メートルの一大メディアセンターを構成している。このなかの25ｋＶというビルの中にはＭＥＩの事務所も入居しているが、ここのユニークさは既存の建物の外側に廊下を兼ねたガラスの箱を取り付けて、これを環境共生の装置として利用している点で、巨大な建築コンプレックスのデザインにもさまざまな工夫を凝らしている前向きな設計姿勢にオランダ建築界の先進性をうかがい知ることができた（図6・20）。

6・5 世界遺産のデザインファクトリー――ファン・ネレ工場とユストゥス団地

群馬県の富岡製糸工場が世界遺産に指定されたが、オランダではロッテルダムにあるファン・ネレ工場も同時に世界遺産に指定された（図6・21）。この工場はオランダ近代建築史では知らないものがいないほど有名な建物で、今見ても未来的な機能美を誇る傑作である。

図6・20 —— 25kV
元発電所の改装増築部分には、さまざまな機能が入っているが、ここは元オフィスだった棟の外側にガラス張りの箱を増築して、そこを廊下兼共用アメニティ空間として建物の空調負荷軽減装置としている。

設計者はヨハネス・ブリンクマンとファン・デア・フルクトの連名でクレジットされているが、ブリンクマンは土木エンジニアで、実質的にはファン・デア・フルクトが設計担当であった。しかしそのデザインは当時のロシア構成主義の影響を受けていたスタッフのマルト・スタムの影響が大だったと言われている。建設は一九二五～三一年にかけて行われた。当時のオランダはインドネシアなどの植民地からもたらされた富で潤っており、この工場ではタバコ、コーヒー、紅茶などのほかチューインガム、インスタントプディング、米製品などの製造をしていた。さらに、従業員たちの労働環境を配慮して、採光、換気、

図 6•21〈上〉——世界遺産に最近指定されたファン・ネレ工場
左側の工場から製品を右側の梱包作業所に送り込み、そこから運河を使って搬出していた。

図 6•22〈中〉——ファン・ネレ工場
奥に見えるのが管理棟で、現在金融機関がテナントとして入っている。左の建物に設計事務所が入っている。

図 6•23〈下〉——ファン・ネレ工場の無梁板構造
工場空間は自由に仕切って貸しだされている。梁のない無梁板構造で、わが国でも山田守がこの技術を持ち帰り流行した。今でも生田の浄水場で見ることができる。

衛生などとならび景観も重視した。最上階には周りを見渡せるティールームも設けられ、福利厚生にも配慮した画期的な工場兼事務所ビルディングである。この建物群は八階建てのタバコ工場、五階建てのコーヒー工場、三階建ての紅茶工場、カーブした事務所棟などから構成され、前面の運河から原料を搬入し、製品を搬出するという動線が合理的に巡らされ、特徴的な長い斜路はきわめて機能的な配慮で設けられたものであった（図6・22）。ちなみにブリンクマン・ファンデアフルクト設計事務所は今なおこの工場内に健在で、バケマなどオランダ現代建築のリーダーたちも数多くこの事務所から輩出している。バケマ事務所もここにある。ファン・デア・フルクトのデザイン能力にクライアントの三人のパートナーたちは大満足で、それぞれの自宅の設計も彼に依頼している。

この工場は一九九五年に操業を終え、一九九九年に、モレナール・ファンウィンデン事務所により改修設計がなされ、二〇〇四年にデザインファクトリーとして新規オープンした。想定しているテナントは、建築やデザインなどのクリエイティブ企業で、有り余るスペースはさまざまなアートイベントなどに貸しだされている。また、事務所棟部分には金融機関が入っている。ＨＥＡＤ研究会グループが訪れたとき、創業者の孫の方が案内してくれて

隅々まで見ることができたのだが、この巨大な空間のすべてを埋めるほどのテナント集めには成功していないように見えた。しかし世界遺産に登録されれば人気が出るであろう。

さて、この工場にほど近いシュパンゲン地区に、ヨハネス・ブリンクマンの父親ミヒエル・ブリンクマンが設計したユストゥス・ファン・エッフェンブロック集合住宅がある。建設は一九二二年で複雑な住戸構成の革新的な作品であったが、年月を経て荒廃し、無神経な改修によりスラム化が一層進んでいった。ところが二〇〇〇年頃この建物の歴史的価値が再発見され、構造を含めた全面改修が行われることになり、コンペに勝ったヨリス・モレナール氏がアルヤン・ヘブリー氏と協力して二〇一二年に全面改修した。そしてついには国家遺産登録されるにいたったのである。

私たちは中国から帰国して飛行場から直接現場に駆け付けてくれたモレナール氏自身と、テウニッセン氏に案内してもらいその再生手法などの詳細を聞くことができた。ミヒエル・ブリンクマンはシステマティックな工場の動線計画などが得意な人物だったそうで、この四階建ての集合住宅においても住戸アクセスの複雑なシステムを見事に構成し、共用廊下や階段を喜ばないというオランダ人気質に合わせて地上階ばかりでなく三階に設けた空中歩廊を道路とみなしてそこからアクセスする住戸を配置するなどの工夫をしている。同行した深尾精一氏の話ではアムステルダム派の巨匠ベルラーへたちも同じような工夫をしているということである。またこの当時の公営住宅には各戸に風呂を持つ習慣はなく、中央に公衆浴場があったそうで、それが今ではギャラリーとして使用されている(図6・24)。この銭湯の建物はアムスのまちなかでもよく目にすることができる。それまでの荒廃した公営住宅を高断熱化やバリアフリー化して改装し、庭園を含めて高級住宅地にアップグレ

図 6•24〈前頁右〉——**ユストゥス団地**
共用棟は現在展示スペースになっている。

図 6•25〈前頁左〉——**ユストゥス団地外観**
住戸はメゾネットで、3階の廊下が上半分の住戸のアクセス通路になっている。

ードして、再分譲するというスキームは他の国でも見ることができるが、オランダではかなり一般的な改修の手法であるという(図6・25)。

6・6 都市としての大学——デルフト工科大学BKシティ

デルフト工科大学はオランダ最古で最大の名門工業大学で、その建築学部からは多くの有名建築家たちが輩出している。ところが二〇〇八年五月、一三階建ての校舎は原因不明の火災により全焼してしまった。貴重な図書や文献資料などの焼失が惜しまれるなか、この重要な教育機関を秋学期開始にまでに再建するスキームを早急に検討した結果、学内にあった銀行に売却された旧研究所をリノベーションして、とにもかくにも一年間で教育再開に漕ぎ着けることができた。この時点では、あくまでも仮設校舎のつもりであったが、リノベーションの出来栄えが高い評価を受けたので、これを半永久的に建築学部校舎として使用することが二〇一〇年に決定され、三万平方メートルの不足スペースを賄うために中庭部分に屋根をかけて大空間を確保した。二〇一一年には各種の賞を受賞して、このリノベーション・プロジェクトは世界に知られることになった。設計者はコンペで選ばれたMVRDVなど五チームの建築家たちが協働して、文字通り都市のように入り組んだプロジェクトを成功に導いた。

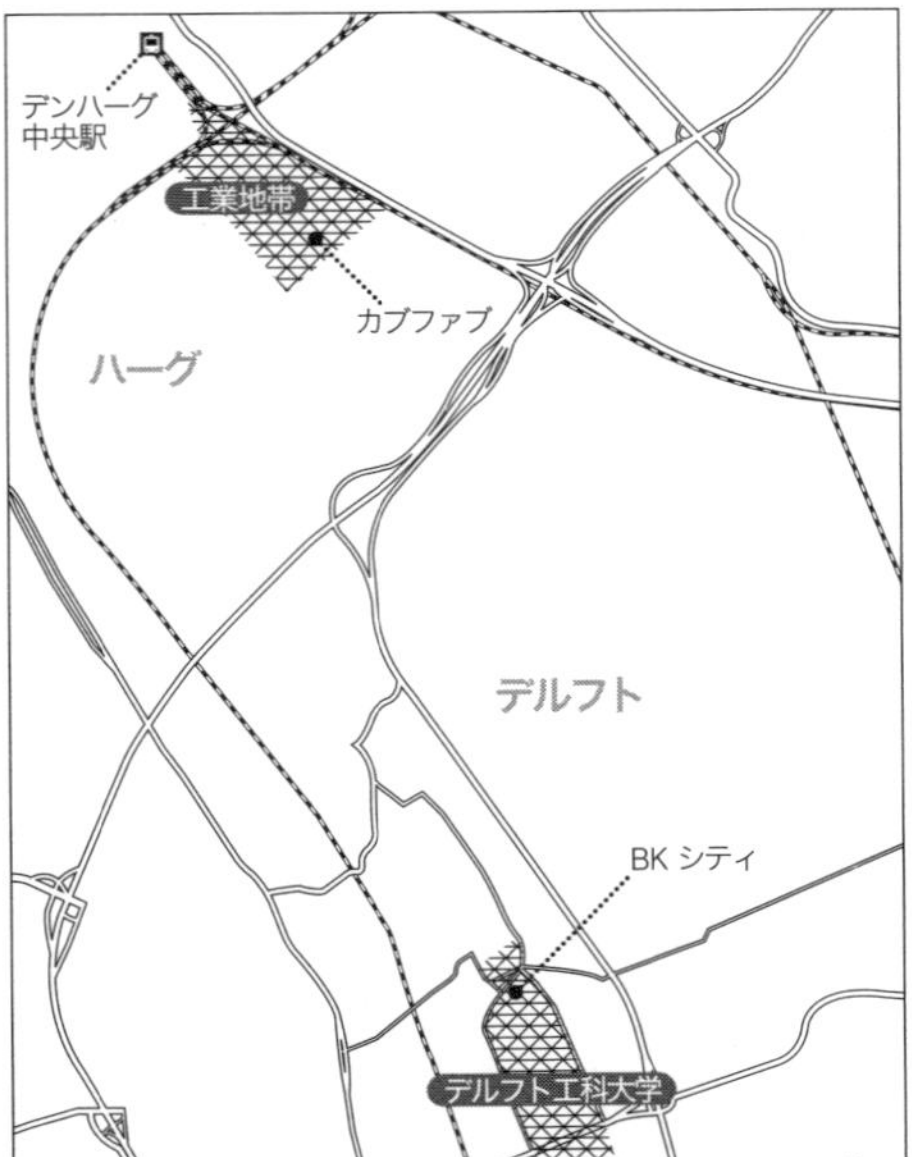

この校舎はBKシティと名づけられた(図6・26)。

この建築学部のユニークなところは、通常の建築学専攻のほかに、不動産・ハウジング専攻を擁しているところであり*注、訪れた我々HEAD研究会のチームのために、同専攻のハンス・デ・ヨング教授とアレキサンドラ・デン・ヘイジェール准教授からオランダのリノベーション事情とBKシティの概要についてのレクチャーをしていただいた。通訳は現地在住でデ・ヨング教授に学んだ建築家の渡邊英里子さんで、教授は現役のデベロッパーでもあり、プロジェクトファイナンスや不動産市場分析などの専門家であるが、五〇%の時間を大学にさいて教育を行っている。第二次大戦からの復興建設期を経て、オランダでは既存の建築ストックが積み上がっており、八〇年代のバブル期に新築された多くの投資物件などの空室率は二五%に達するなど深刻な状況にあり、ストック活用の重要性が増している状況が説明された。

BKシティ内部は天井がなく、設備の配管やダクトなどがむき出しになっており、街路上のネオンサインのような案内表示板が廊下に突き出していて、まさに町の空間をそのまま古い建物にはめ込んだような演出となっている(図6・27)。圧巻はもとの中庭の空間に軽快な立体トラスの屋根をかけた共有空間で、玄関を入るとすぐにそこで模型を作ったり図面を描いたりしている学生たちの活動が一望できるような仕掛けになっている(図6・28)。さらに、別の空間には真っ赤に塗られた大階段のオブジェがはめ込まれ、イベントの観客席となる(図6・29)。とかく閉鎖的になりがちな既存の中廊下型教室群を

*注　大学院での五専攻は、建築、都市計画、ランドスケープデザイン、建築技術、不動産・ハウジング。この大学では学部三年、大学院二年というコースになっている。(http://www.tudelft.nl/en/)

図6・26——BKシティ正面玄関

図 6・27〈上〉 —— BK シティの廊下
サインはネオンサインで、廊下は街路のような印象。

図 6・28〈中〉 —— BK シティの共用スペース
玄関を入ると、正面に、スペースフレームの屋根を中庭にかけた広々とした共用スペースが目に入る。

図 6・29〈下〉 —— BK シティの観客席
天井の高い共用スペースに階段状の箱を挿入し、その上面を平土間部分で行われるイベントの観客席とした。

図 6・30〈次頁右〉 —— BK シティ、プレゼンテーションルーム
豪華なインテリア。

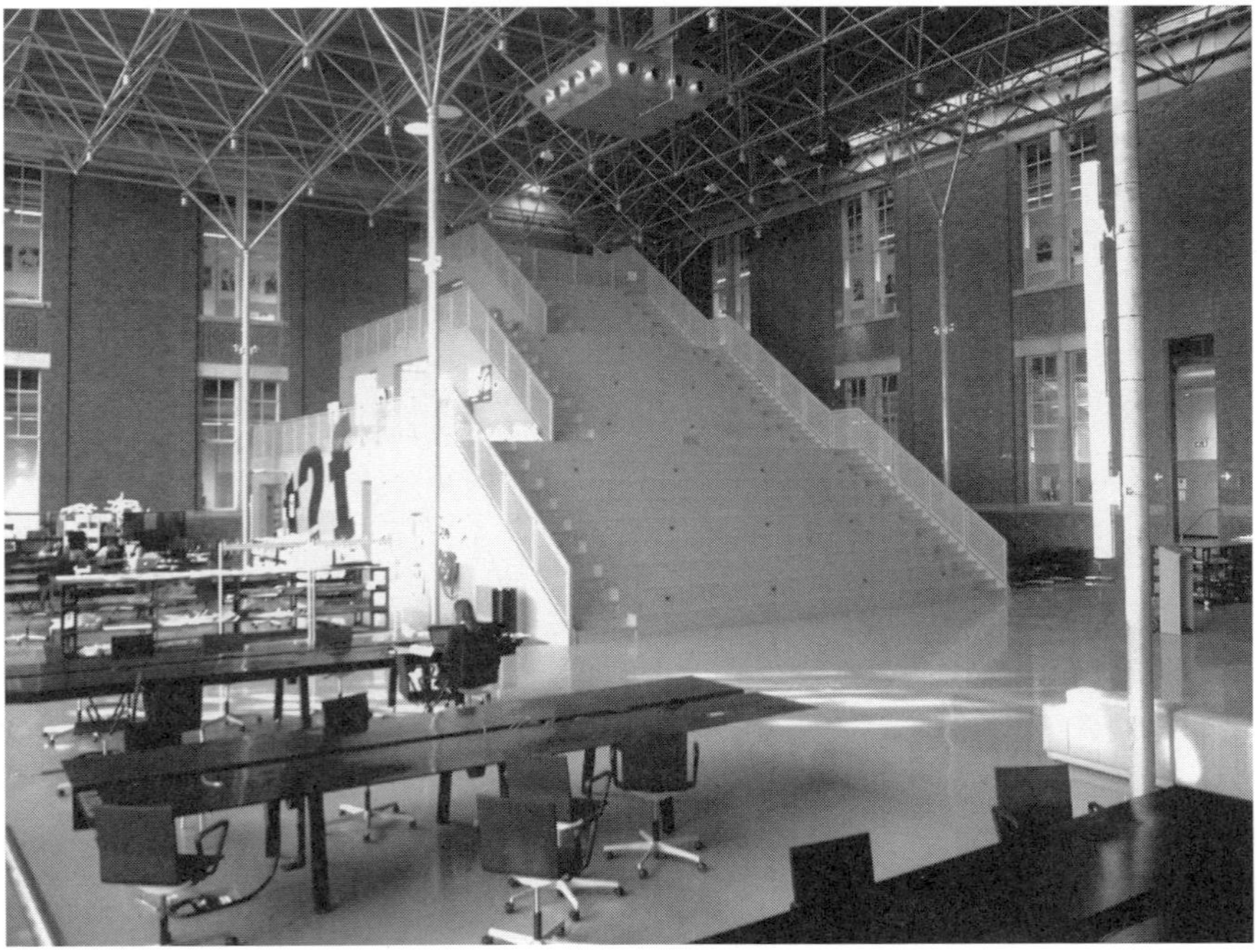

こういう共有スペースに向けて開放することにより、校舎内部に透明性が生まれ、まさしく一つの都市の中でさまざまな専門の学生たちが互いに刺激し合う理想的な教育空間が生みだされたと感じた。私が学んだハーバード大学デザイン学部大学院ではすでに一九七〇年代に学生たちの間に相互作用が生まれるべく一つの大屋根で大空間を覆う校舎が建てられていたが、ここの場合、思わぬ災害を契機として、教育システムそのものにも大きな変革をもたらしたのではなかろうか。この改修計画には全学を挙げて「シンクタンク」と呼ぶ企画チームを火災直後立ち上げて、さまざまな分野の専門家たちが早期復興というターゲットに向けて一致協力して大きな成果を生みだした。このようなプロセスや、建物内のツアーは大学のホームページに詳しく掲載されているので参照されたい。

特筆すべきはこのレクチャーの行われた会議室の優雅なインテリアであり、天井から下がる長いレースのカーテンや、さりげなく置かれたグランドピアノ、オブジェのように置かれたミニキッチン、フローリング風のパターンを模したカーペットなど、担当デザイナーのセンスが随所に光っていた（図6・30）。

最後にお礼の印に両教授に渡したのはインスタント味噌汁セットで、今ヨーロッパ人の間で味噌汁がチェルノブイリから今なお流れてくる放射性物質を排出する効果があると言われているということで、たいへん喜ばれた（図6・31）。

図6•31〈上〉——正面玄関で
デ・ヨング先生、デン・ヘイジェール先生を囲んでお別れの記念撮影。

6・7　タバコ工場からインキュベーションセンターへ――カブファブ

デン・ハーグはオランダの首都であり、多くの国際機関の本部が置かれている。しかし一方では、工業都市の側面もあって、運河沿いには直接船で出荷できるようになった工場が並んでいる地域がある。そこから北海に出て世界に輸出するのである。我々ＨＥＡＤグループはそこにある元タバコ工場を訪れた。通称カブファブというこの工場は一九五三年にオランダ初のフィルタータバコとして人気のあったカバレロタバコの工場として建てられた。しかし一九九五年にこの工場がよそに移り、デン・ハーグ市はここを起業家たちのためのインキュベーションセンターとして再生することを決定し、グループＡという建築家グループによりリノベーションプランが設計され、二〇〇四年から二〇〇八年にかけて工事が進められた。床面積は一万五千平方メートル、総工事費は五五〇万ユーロ（約七億七千万円）。家賃は一平方メートルあたり一〇〇～一四〇ユーロ。共益費が一平方メートルあたり四〇ユーロである。この工場のある一帯については二〇〇六年にＯＭＡによる再生マスタープランが作られたが、その後の不況や予算超過によりこれは中止され、何度も見直しが行われている。結局ボトムアップの手法により、少しずつ再生させていく方向に進んでおり、カブファブはそのトップバッターとなっている（図6・32）。

カブファブの既存建物は工場なのでプレキャストコンクリート屋根の大スパン構造で、トップライトが取られており内部は明るい。テナントスペースの大きさは二四平方メートルから五〇〇平方メートルまであり、これらの部屋は幅広く天井が高くカラフルな共用廊

図6・32――カブファブ
前の工場では製品を運河から出荷していた。外観は変わっていない。（出典：https://www.google.co.jp/url?sa=i&rct=j&q=&esrc=s&source=images&cd=&cad=rja&uact=8&ved=0CAYQjB0&url=http%3A%2F%2Fcommons.wikimedia.org%2Fwiki%2FFile%3ACaballero_Fabriek.jpg&ei=l-f_VOeWLYeV8QXRxYDICw&bvm=bv.87611401,d.dGY&psig=AFQjCNGeVFZADKgf_daYQ-sr1ws23l_fg&ust=1426143490821442）

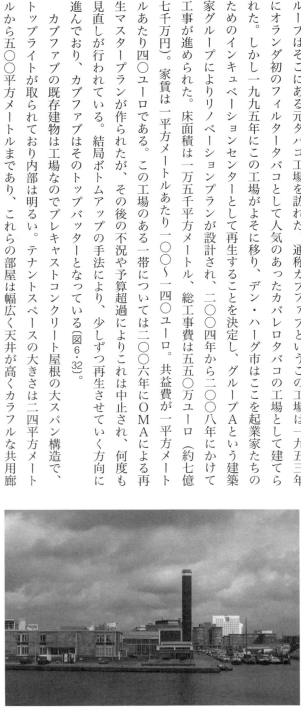

下によって繋がれている。テナントは入り口の扉から内部を廊下から見えるようにすることが義務づけられている。これは廊下を行きかう人々が他社の活動内容を垣間見てインスピレーションを得られることを意図している（図6・33）。各社それぞれに自分たちの業務内容をアピールすべく工夫を凝らしている。また、廊下はむしろ街路として位置づけられており、その各所にソファのあるアルコーブが設けられ、その上には階段で昇る中二階の会議室がかぶさっている（図6・34）。建物入り口付近には大きな多目的スペースが設けられていて、さまざまな使い方に対応できるような設備が用意されている（図6・35）。またこの

図6•33〈左〉——カブファブのテナント
テナントスペースの扉は引き戸で、ガラス入りで、テナント同士の情報の共有が促進されている。

図6•34〈下〉——カブファブの内部
工場はプレキャストコンクリートの梁を兼ねた屋根で覆われ、トップライトから光が入る。天井の高い廊下にはヴィヴィッドな色彩の中2階の会議室や、トイレ、キッチンなどアメニティスペースが設けられている。

スペースに隣接して石庭を思わせる中庭が広がり、その床面には貝殻が敷き詰められている。これは、この土地が以前は海の上にあったことをシンボライズしたものだという（図6・36）。

この施設の中には数多くの企業が入っているが、共通しているのはそこで使われている家具や什器備品類のデザインセンスが素晴らしいことであった。初期投資のかなりの部分をこのようなところに使って企業イメージを高めるという戦略を取っているように思われた。また、この施設の中の企業間でのコラボレーションも盛んに行われているということであった。

私事にわたるが、偶然にも私はこの視察の直後岩手県で同種の施設のコンペティションに応募し、ここで得たアイデアを用いて、幸運にもこの仕事を獲得することができた。わが国の同種の建物が閉鎖的で暗い印象のものが多いのに対し、カラフルで、天井が高く開放的な提案をし、クライアントと協力してビビッドカラーの軽快な家具を選定したところ入居者たちからおおいに喜ばれることになった。本書が、読者の方々にインスピレーションを与えることができたら幸いである。

図 6•35〈上〉——カブファブの集会スペース
中庭に面して大きな集会スペースが確保されていて、適当な広さに仕切ることができる。

図 6•36〈下〉——カブファブの中庭
中庭は貝殻を敷き詰めた枯山水のようなランドスケープデザインが施されている。構造を兼ねたプレキャストビームが見える。

7章　バルセロナの動き

私は二〇一三年夏に横浜で行われたファブラボ世界大会に出席した際、次の年の世界大会がバルセロナで行われることを知り、七月初めのその時期に合わせてヨーロッパに出かけ、その途中にここに寄ることにしたのである。ファブラボとはアメリカのＭＩＴにあるメディアラボに所属するニール・ガーシェンフェルド教授たちが開発したモノづくりのシステムで、小さな工房に３Ｄプリンター、レーザーカッター、ミリングマシーンなどを持ち込むことにより、大きな資本を持たない人々でも自分たちで開発して、新しい製品を作りだし売り出すことができるようになり、それによって貧しい人々の自立が助けられるという運動である。バルセロナ市では市長以下多くの人々がこの趣旨に賛同し、市内五〇カ所以上に関連する工房などが生まれ、このまちは現在「ファブシティ」であると宣言しているのである。

かねてから、まちづくりや地域再生に積極的に取り組んできたＨＥＡＤ研究会では、日本にファブラボを持ち込んだ田中浩也慶應大学環境情報学部准教授を中心にファブラボ・シンポジウムを開催し、このコンセプトの普及に協力している。ファブラボは、わが国の衰退地域や僻地にとって福音をもたらす可能性があるからだ。

一方、この都市は都市再生の代表的な手法であるバルセロナモデル発祥の地でもある。その詳細については阿部大輔龍谷大学准教授著の『バルセロナ旧市街の再生戦略』に詳しいが、ブレア政権下のまちづくりのモデルともされたと言われている。

本章では、その現場を訪れその実態を明らかにする。またその周辺にも足を延ばし、現在独立運動が盛り上がっているカタロニア地方の世情の一端を報告する。バルセロナ調査に当たっては、現地在住の建築家鈴木裕一氏に多大なるご協力をいただいた。

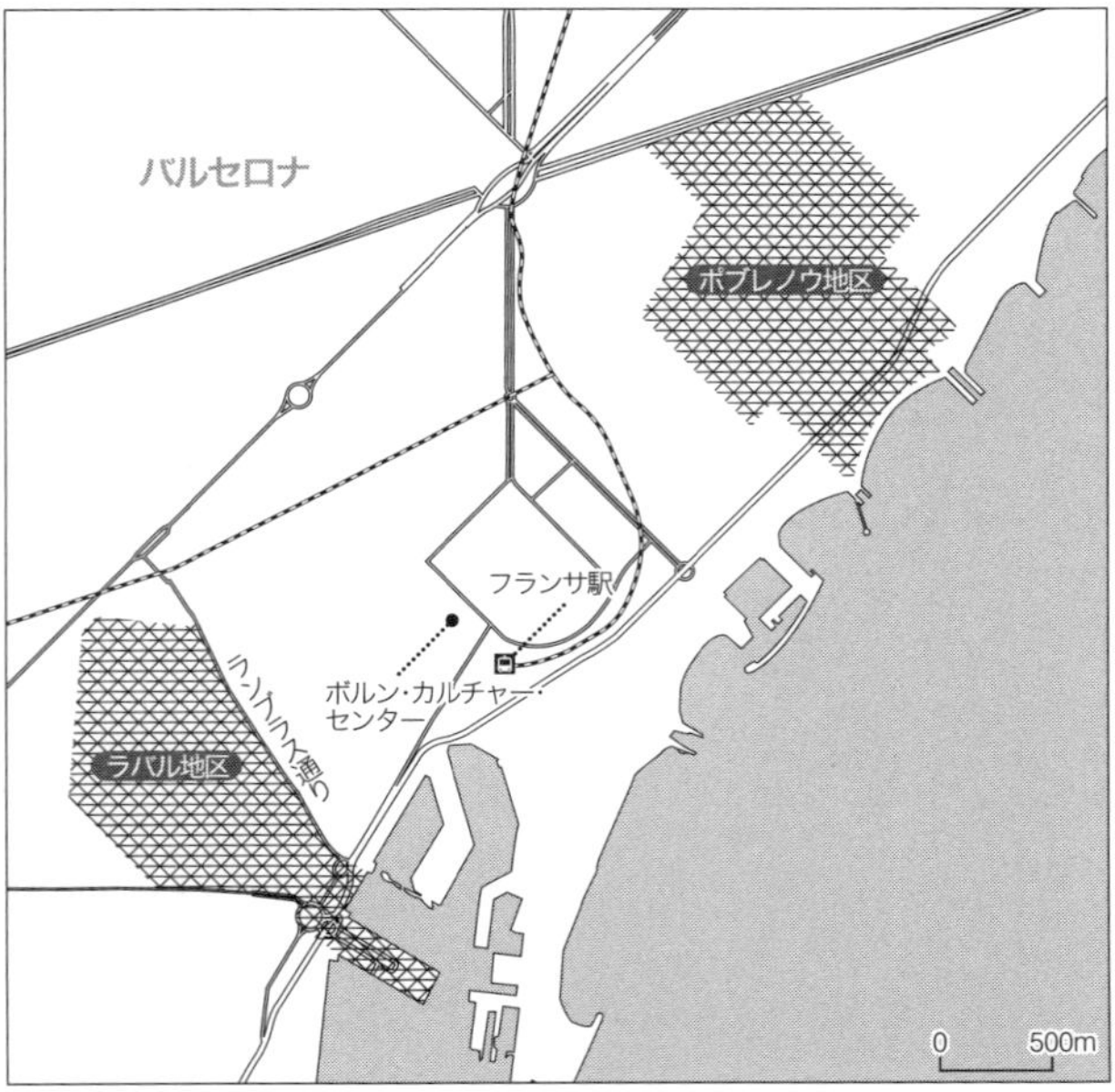

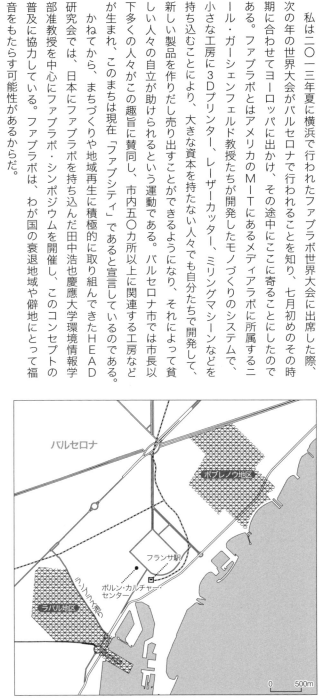

7・1 バルセロナモデル発祥の地——ラバル地区

二〇世紀末期、都市の荒廃は世界の大都市共通の問題であった。産業構造の大変革によって都市への流入人口が増え続ける一方、住居の供給は追いつかず、居住環境の悪化に加えて、失業率も高まり続けていった。このようななか、典型的なスラム街とみなされていたバルセロナの旧市街地での試みが、都市全体に目覚ましい変化をもたらしたという情報が広く世界に知られるようになり、一九九二年に行われたバルセロナオリンピックを目指してさらに深化を続けたその再生戦略は、バルセロナモデルと呼ばれた。一九九九年には建築家リチャード・ロジャーズが、当時のイギリス・ブレア政権のブレーンとしてまとめた都市政策のモデルとして、この政策を引用している。その要点は、一言でいえば「部分から全体へ」という戦略である。従来の都市計画は全体計画から詳細計画へ向かうように策定されるのに対して、その逆に、部分から手をつけてやがてその範囲を広げて全体に影響を及ぼすという逆転の発想である。やれるところから手をつけるこのやり方は拍子抜けするほど簡単な原則であるが、あまりにも膨大な問題を包括的に解決する困難に手をつけかねていた多くの実務者たちにとっては、すぐに成果の見えるこのやり方が大いなる救いとなり、世界中で大きな反響を得ることになったのである。

バルセロナの旧市街地は港から延びる市内きっての目抜き通りのランブラス通りの東西に広がる密集市街地であり、その周辺に広がる、整然とした直交グリッド街路の街区とはまったく異なる特徴を持っている。この地区はかつて城壁に囲まれた中世的な街並みで街

図7・1 ——バルセロナのメインストリート、ランブラス通り
広い道路の中央に幅の広い遊歩道を設けてある。両側に車道が走るという発想は世界中で真似されて成功している。

路が狭く曲がりくねっており、老朽化した建物が立ち並び、取り分けランブラス通り西側のラバル地区は家賃の安さから移民をはじめとする低所得層が多く住み、売春婦なども並ぶ、犯罪の多い所として地元の人々も寄りつくのをためらうほどの場所であった。このような中心市街地の衰退は、成長至上主義の政策により郊外開発と都市再開発が進んだ結果助長されたものである。しかし、一九七五年にフランコ独裁政権が倒れると土地法が改定され、既成市街地の歴史遺産の保全を対象とする計画手法として市街地改善特別プラン（PERI）が制定され、バルセロナでは建築家オリオル・ボイガスが都市計画局長に就任して、都市の多孔質化による再生戦略を推進することになった。これはあまりに密集して修復不可能なまでに環境の悪化した街区をあえて取り壊し、そこに新たな公共空間を生みだすことによって、それに面する建物の価値を高め、そこに通じる街路に賑わいを取り戻すという手法で、これを広い範囲で行うことによってこの地区全体があたかもスポンジのように多孔質化し、住民の居住環境の改善と、エリア全体の安全確保が推進できるのである。

かねてからこの手法に関心を持っていた私は、その政策の成果を実感するべくこの地区に向かった（図7・1、2）。まずはランブラス通りに面したバルセロナ最大の食品市場サン・ジュセップ市場（ボケリア市場）の裏に回り、その奥に入っていくと病院をリノベーションしたカタロニア州立図書館やリチャード・マイヤー設計の純白のバルセロナ現代美術館、その裏の一四世紀の孤児院をリノベーションしたバルセロナ現代文化センターがある。これらが一体になってそれまでの地区のイメージを一変させた文化地区を形成すると同時に、ここに多くの市民と観光客を呼び寄せることによって、周辺の賑わいを創出して

図 7・2〈右〉——バルセロナ人の胃袋、サン・ジュセップ市場（ボケリア市場）
この裏がかつて悪名高かったラバル地区。

図 7・3〈次頁上〉——ラバル地区の改善された路地

図 7・4〈次頁下〉——サルバトール・セギー広場
過密地区に新たに挿入された公共広場。あえて空洞を作ることにより地域が改善される。

いる。また、かつてチーノ地区と呼ばれ、とりわけ治安の悪かったエリアには、幅六〇メートル、長さ三二〇メートルのラバル遊歩道が設けられ、そこに面するエリアは四つ星ホテルや高級マンションが建つほどに様変わりしている。さらに奥のサルバトール・セギー広場は麻薬取引の場であり、赤線地帯であったが、山の手からあえて州立映画館をここに移転させ、すっかり地区のイメージを変えた（図7・3、4）。さらに西に

進むとこの地区最古の歴史遺産であるロマネスク時代の教会に面したサンパウ・デル・カンプ広場に出るが、ここは悪名高いポルノ街でストリップ劇場もある。そしてこの公園はかつて周縁の道路から一段高い丘のような地形になっていて、そこではあらゆる犯罪的行為が周囲から見られることなく行われていた。そこで市当局は、公園自体を改造することによりこの段差をなくし周囲から中が見えるように改善したうえで、この正面に警察本部を移転して治安改善に成功した（図7・5）。都市再生のモデルとしてとなったラバル地区では一九八五年以降ほぼ三〇年の歳月を経て、今もなお各所で工事が続行されているが、確実に以前のバルセロナ最悪の危険地帯という状態は脱し、多くの観光客がレンタサイクルで自由に走り回る人気スポットに変貌していることを実感できた。

7•2 カタロニアの心——ボルン・カルチャー・センター

ランブラス通りの東側のゴシック地区にはローマ時代の道の遺跡も残り、カテドラルやサン・ジャウマ広場などの歴史遺産も多く、観光客が数多く訪れる中心であるが、道はラバル地区にもまして狭く折れ曲がり、少し前までは地元の人々も寄り付かないスポットも多かったのであるが、ラバル地区と同様、今ではすっかり治安が回復している。またそのさらに東側に続くカスク・アンティック地区には、かつてフランス方面から来る鉄道のターミナルであったフランサ駅前に広がる商店街が広がっていたが、中央駅がサンツ駅に移ると、一帯は寂れていった。しかし、北部ではエンリック・ミラージェス設計のサンタ・

図7•5 ——サンパウ・デル・カンプ広場
悪所として名高かった広場をなだらかな斜面にして、周辺に開いたおかげで周辺地域は劇的に改善された。

カタリーナ市場の改装が行われ、南部では一九世紀フランスの技術によって建てられた巨大なボルン市場が、その地下に発見された独立を目指した一八世紀のカタロニア時代の遺跡を保存する最新式展示館に修復改装され市民のカタロニア愛国心を鼓舞する聖地となっており、背後の州議会議事堂の建つシウダテリャ公園と一体となって周辺のエリア価値をおおいに高めている。また特筆すべきことは、かつて港湾施設や不法占拠のバラックなどが立ち並んでいた、地中海に面したバルセロネータ地区がすっかり整備されて、広々としたビーチに面したアーバンリゾートに様変わりしたことである。人口一六〇万を超す大都市の海岸で、若者がサーフィンを楽しんでいる風景はおよそ信じられないほど魅力的で、事実バルセロナを訪れる観光客数は年々増加する一方である（図7・6）。

ところで、病弱だったスペイン国王カルロス二世が子どもを残さず一七〇〇年に死去すると、周囲の各国が姻戚関係を理由に相続を巡って争い、もとより政権を握っていたマドリッドを中心とするカスティリア州に対して対抗心の強かったカタロニア州をはじめとする他の州は、外国とも連携して一七一四年まで三次にわたるスペイン継承戦争を戦った。バルセロナは最後までカスティリアに対抗する勢力となり戦ったがついに敗れ、以後現在にいたっている。

しかし、その後カタロニアは自治権を拡大し、現在ではカタロニア語の教育も、放送もなされ、公共表示にも併記されている。しかし最近では、バルセロナの経済的発展が財政破たん寸前の国家全体を支えているのではないかという不満も相まって、独立運動が急速に勢力を増している。

そのようなかで、二〇一三年に開館したボルン・カルチャー・センターは、一八七六

図7・6——バルセロネータ地区
かつて港湾施設の並んだ荒廃していたエリアが、今は地中海でサーフィンを楽しめるアーバンリゾートビーチに様変わり。

図 7•7〈上〉——**ボルン・カルチャー・センター（旧ボルン市場）**
西側正面であるが、玄関を入って建物内を通り抜けることができる。

図 7•8〈左〉——**ボルン・カルチャー・センター、公園に面した東側入り口**

図 7•9〈右〉——**リベルタート市場**
新市街地グラシア地区にあるレ・アル様式のマーケット。

年に建てられて一九七一年に閉鎖された巨大な市場の遺構を州立図書館に改装する工事が二〇〇一年に始まった直後に、地下に発見されたスペイン継承戦争時代の遺跡の重要性が市民の間で大きな反響を呼び、ついに工事を中断して計画変更をして遺跡博物館となったものである（図7・7、8）。

この場所には古くから大きな露店の並ぶ市場があり、おおいに賑わっていたが、一八七四年に市当局がそこに恒久的な建物を建てるためコンペを行った結果、ホセップ・フォントセレの案が採用された。彼は前年行われた、かつてバルセロナ市民監視のために建てられた要塞を取り壊した跡地である隣りのシウタデリャ公園の設計コンペの当選者であった。いずれにせよ彼が採用したのは当時パリで流行していたレ・アル様式という鋳鉄造の市場建築のスタイルで、構造は鋳鉄、外壁や屋根の大部分にガラスを採用した最新技術を応用したものである。いずれの建材も現地で製造された。この新様式はバルセロナ市内各所の市場の建築に使われた。新市街のグラシア地区にあるリベルタート市場もその一つであり、一八八八年に建てられた（図7・9）。

今回のリノベーションでは、ガラスを合わせガラスにし、空調の必要な諸室は全体を覆う外皮とは切り離して組み立て、床も遺跡に影響を与えないよう浮かせて設置してできるだけ当初の壮大なイメージを復元するよう設計されている（図7・10）。ここに保存された一七〇〇年代のバルセロナの街区のなかには、およそ六〇戸の町家が立ち並んでいた様子が見て取れる。しかし重要なことは、ここがカタロニア独立の夢が敗戦によって敗れ去った一七一四年の屈辱の現場をまざまざと見ることができる一種の聖地であるということである。この文化センターはたんなる博物館ではなく、大きな屋根に覆われた多くの観光客

図7・10 ──ボルン・カルチャー・センターの内部
床下には、カタロニア独立戦争時代の市街地の遺構を見ることができる。周辺には会議室や売店などが設けられている。

や市民の集まる広場として構想されており、周囲から自由に通り抜けられるようになっている。

7・3　産業衰退地区の再生——ポブレノウ地区

バルセロナ市街地の東南部、地中海岸に接するところに一九世紀以来繊維工業の集積地であったポブレノウ地区が広がる（図7・11）。産業構造の変化により、次第に荒廃していったこの地区を再生するために、市は情報通信産業集積地として再生するべく、一九九二年のオリンピック以降、22＠プロジェクトという野心的な再開発計画を推進してきた。しかし、情報産業の誘致は国外他地域との競合も激しく、結局現在では、アートやファブリケーションといった独自の創造的側面に比重が移り、活発な活動が見られるようになった。

その拠点の一つが、カタロニア工科大学から派生したIAACという大学院大学で、ポブレノウ内にあった造船所を改装したファブラボと呼ばれる工房を中心として積極的な活動を展開している（図7・12、13）。また、その近所には集合住宅の中庭の空間を利用した木造校舎のBAU（バルセロナデザインカレッジ）という美術大学院が立地している（図7・14）。これはバルセロナ近郊のヴィック市にあるカタロニア中央大学付属のデザインスクールで、一九八九年に設立されたが、二〇〇三年にポブレノウに六千平方メートルの施設を確保して国際的に学生を集めている。またその近所にはカタロニア視覚芸術協会が一九九七年にアンガール（HANGAR）という一八〇〇平方メートルの施設を開設し、滞在芸術

図7・11——ポブレノウ地区
地下鉄のポブレノウ駅を出ると、古典的な建物と最先端の建物の混在するエリアに出る。

家の拠点とメディアラボなどの機能を提供している。またポブレノウ地区のなかにはアート関連の印刷工場やＢＤ（バルセロナ・デザイン）というバルセロナを代表する高級家具のショウルームも進出している（図7・15）。そういう建物の中から機械の音が響いていたので覗いてみると、外壁は石造りながら内部は鋳物の柱で支えられたモデルニスモ様式の工場で、中では職人たちが昔ながらの機械で金属加工に励んでいた。この地区に建つ建物の多くはこういう工場建築であるが、決して安物ではなく、念入りに作られたものも多く、リノベーションによって新しい用途に変更するのにも適している。

さらにこの地域のはずれの都心に近いラス・グロリアス・カタラナス広場のジャン・ヌーベルが設計した水道局の異様な形状のタワーの下には、これも奇抜な形態のバルセロナ・デザイン・センター（ＤＨＢ：Disseny Hub Barcelona）が新設され、二〇一四年夏に開かれたＩＡＡＣとバルセロナ市の共催のＦＡＢ10（第一〇回ファブ・ラボ世界大会）はここを会場にした（図7・16）。このセンターには展示場や会議場が入っており、さまざまな催し物に利用されている。その隣りにはかつて泥棒市場と呼ばれていた市場のミラー仕上げの大屋根もできあがり、市内を斜めに突っ切るダイアゴナル通りを走るＬＲＴが市の中心部とこの地区を結んでいる。

さて、ここで開かれたＦＡＢ10については二〇一三年横浜で開催されたＦＡＢ９のシンポジウムの最後に今回の開催者であるＩＡＡＣのトマス・ディエス氏がバルセロナはファブラボをまちづくりの拠点とするファブシティ（FABCITY）を目指していると言明したのを聞いて、私はその実態を見てみたいと参加を決意したのである。バルセロナ市長のザビエル・トリアス氏はＦＡＢ＠ＢＣＮという組織を通じてこの催しを全面的に支援し、これ

図7・12――IAACの校舎

図 7・13〈上〉—— IAAC のファブラボ
元造船工場だということで巨大な 3D プリンターなどが置かれ、さまざまなモノ作りが試行されている。上部にはデスクワークやプレゼンテーションの部屋などもある。右側の壁にはバルセロナ市の巨大な地形模型がかかっている。

図 7・14〈中〉——バルセロナデザインカレッジ（BAU）
美術大学。学生たちの作品が展示されているが、非常にレベルが高い。

図 7・15〈下〉——バルセロナ・デザイン（BD）
有名ブランド家具ディーラーの店舗。手前はダリがデザインした家具。

まで専門家や大企業に閉ざされていた技術や知識を一般市民に共有してもらうツールとしてのファブラボを各地域に散りばめたファブシティを実現すると言明している。

私は会場で二〇一三年に訪れたメキシコのモンテレイ大学で親しくなったダニエラ・フロゲーリさんたちと落ち合ったが、そこには私の鹿児島大学時代の教え子のマルティン・ゴメスタグレ君が建築学部長として着任しており、安藤忠雄設計の新校舎の中に素晴らしいファブラボができていたのに驚いた。それを創設したのがIAAC出身の彼女だったのだ（図7・17〜19）。

さて、バルセロナ市内にはすでに五〇近いファブラボ候補がすでに分布しており、そのなかで特異な活動をしているのはEU域内最初のファブラボであるIAAC本部に付属するヴァルダウラ自給自足ファブである（図7・20）。この施設はバルセロナの市街地の背後にそびえる山並みの裏側の荒れ地に建つ修道院を改装した農家をさらに改装したもので、現在その改装工事は続行中である。ここには小さな農園と家畜小屋があり、食糧を含めて自給自足のシステムを構築する実験を行っている。レーザーカッターでカットした段ボールを利用したキノコ栽培実験や森林再生実験など、都市農業の可能性を探る方向性も見ることができた。これをグリーンファブと呼ぶこともある（図7・21）。

なおバルセロナはファブシティのほかにスマートシティを目指す国際的活動もしており、国家経済の苦境を脱するために独自の方向性を模索している。これは言語的にいわゆる標準スペイン語と異なるカタロニア語を公用語としているこの地方の独自性を強調する動きであり、注目すべき点である。

図7・16――水道局とバルセロナ・デザイン・センター
遠くに見える異様な高層ビルはジャン・ヌーベル設計の水道局。その手前がFAB10の会場になったバルセロナ・デザイン・センター。ここはサグダラファミリアも近く新都心として整備中であった。LRTも開通した。

図 7•17〈上右〉——**ファブラボの創始者 MIT のニール・ガーシュフェルド教授**
非常にエネルギッシュ。

図 7•18〈上左〉—— **FAB10 にて**
メキシコのモンテレイ大学で知り合ったダニエラ・フロゲーリ教授（左）と、アナ・ゴメスさんが FAB10 に参加すると聞いていたのでモンテレイ大学の T シャツを着ていったらすぐにわかって歓談。ダニエラはサルディニア出身で父親は有名な現地アカペラ合唱団の団長ということだった。

図 7•19〈中〉—— **FAB10 のワークショップ**
FAB10 の会場では 1 週間にわたってさまざまなワークショップが行われ、世界中から集まったギーク（オタク）たちが親しく交流していた。

7・4　伝統と革新——バルセロナ郊外

今回の調査でバルセロナ滞在中は現地在住の建築家鈴木裕一さんにすっかりお世話になり、これまでまったく知らなかった世界を見せてもらった。私は一九九二年バルセロナオリンピックに先立って磯崎新さんが現地で建設中のオリンピックスタジアムの現場視察ツアーの案内役を依頼され、一九八九年に現地を訪れ、モンジュイックの丘の上の現場を訪れたあと、定番のガウディ巡りをしたのだが、今回の調査がまちづくりを主眼としたものだったので、まったく違った視点でバルセロナを見ることになり、鈴木さんを煩わすことになった。まずはまちづくりの発想をすっかり変えたバルセロナ方式の再生現場を見ること、バルセロナ市が推進しているファブシティ政策の現状を把握することが私の目的であったが、鈴木さんはそれ以外に、カタロニアという特異な地域に見られる独特の文化の現場を見せてくれた。

その一つはこの地に根づいた独特の構造方式のカタロニア・ボールトの伝統である。誰でも知っているガウディのサグラダファミリア大聖堂の構造方式が奇怪な外形ながら実に合理的な計算に基づいていることは広く知られているが、それは彼の周囲に優秀な構造技術者たちが多数いたことに由来している。彼の弟子だったセザール・マルティネイは、師の死後も組積造の力学を駆使して実にユニークな作品を多数創り上げている。とくに一九二〇年前後は、バルセロナ近郊一帯にワイナリー協同組合の醸造所を五〇棟近くも建てている。

図 7・20〈前頁下〉——**グリーンファブ**
郊外にあるヴァルダウラ自給自足ファブ。食料、エネルギーの自給自足を目指している。ダニエラはここの設計と施工も担当したそうだ。

図 7・21〈右〉——**グリーンファブの地下ワークスペース**
天井がカタロニアボールトスラブ。

そのなかでももっとも優れた作品を見るために、ローマ時代の橋の完全な遺跡の残る近郊のまちタラゴナ郊外のひなびたガンデサ村にあるワイナリーを訪れた時は、レンガを積み上げただけで、これだけ優美な曲面や曲線を創りだすことができるのかと驚嘆した。さらにその近くのファルセット村にあるエル・セレール・デ・ラスピックというレストランは、ミシュランその他の認証を受けているが、さらに世界的なスローフード協会の認定も受けているのに驚いた。ここの天井となっている二階の床も小さなカタロニア・ボールトの連続でできていた。ちなみにこの地域はモンサン国定公園の域内に含まれ、きわめて印象的な景観で知られる（図7・22〜27）。

さて、そのマルティネイの作品を手軽に見るにはバルセロナ市内から地下鉄で行くことのできる鈴木さんのホームタウン、サンクガットを訪れればよい。ここにはいまは使われていない組合醸造所の遺構が残されており、驚嘆すべきその構造をまちの中心で見ることができる（図7・28）。このまちは元来修道院を中心とした小さな村だったが、バルセロナ市内の裕福な実業家たちが夏の暑さを避けるために背後の山並みの後ろにあるここに別荘を建てたのが広がった町で、きわめて裕福であり、あたかもアメリカの郊外都市の高級住宅地のような雰囲気を持っている。それでありながら、町の中心の広場には修道院の礼拝堂がそびえ、その歴史の古さを実証している。そのような伝統を踏まえたうえで、この市はス

図7・22——ガンデサ醸造所
外観はどこかアラブ風。

図 7•23〈上右〉——ガンデサ醸造所の構造
すべて平たいレンガで作られている。柱だけでなく天井や梁もすべてレンガ造である。

図 7•24〈上左〉——内部
醸造は主に秋だけで、その他の季節はイベントなどで使える。出かけた日は結婚式の準備をしていた。

図 7•25〈中左〉——醸造所２階のカタロニア・ボールト
力の流れを素直に表現すればこういう構造になる。さすがガウディの１番弟子の作品だ。

図 7•26 ——エル・セレール・デ・ラスピック
地元の野菜やジビエなどを地酒とともに楽しむことができる有名レストラン。

図 7•27 ——エル・セレール・デ・ラスピックの天井
レストランの天井は連続ボールトだが、これもレンガ造。

マートシティを目指し、サステイナブルなまちづくりをポリシーとしているというから驚く。この美しいまちの中のプール付きの優雅なマンション暮らしの鈴木夫妻の暮らしぶりを見ると、あくせくと動き回っているわが身が情けなくもなった（図7・29）。

ところで、ガウディと同時代人でバルセロナ出身のラファエル・ガスタヴィーノという建築構造技術者がいて、一八八一年にニューヨークに渡り、修得したカタロニア・ボールトの技法を全米に広めた。彼の作品はマキム・ミード・ホワイトの設計したボストン市立図書館やニューヨークのグランド・セントラル駅内のオイスターバーの天井などに見ることができ、現在MITの構造設計研究所所長のジョン・アレン・オクセンドーフ氏はその研究で博士号を得ている。

図7•28〈上〉——**マルティネイの醸造所の遺構**
サンクガットで見られる。

図7•29〈下〉——**サンクガットの鈴木裕一夫妻**
下に住民用プールが見える。

8章　アジアの動き——上海・杭州・北京・バンコク

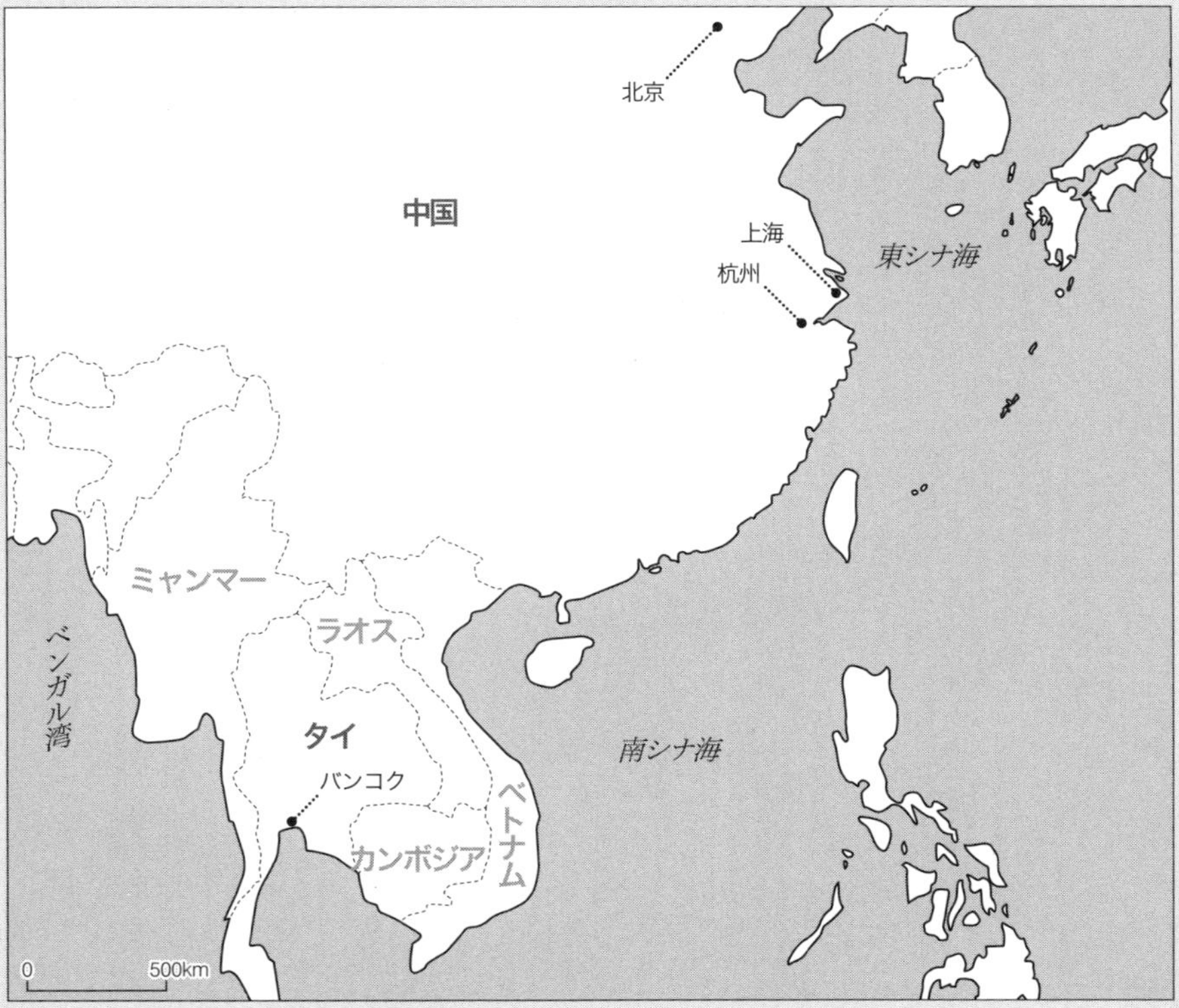

私が鹿児島大学にいた頃、中国の湖南大学や厦門鷺江大学などへ出かけてレクチャーをした際、その周辺地域の歴史都市や集落を訪れ、そこで得た知見は前著『まちづくりの新潮流』でもふれている。本書で示した中国の事例は、鹿児島大学退任後二〇〇八～〇九年にかけて上海にある同済大学に客員教授として滞在した間に調査したものである。この大学は北京にある精華大学に匹敵する名門校で、かねてから親交のあった周静敏教授からの招聘であった。その時期はちょうど上海万博の工事中で、中国政府は環境共生をテーマとすることを表明し、最初は市内を流れる黄浦江沿いの工場・倉庫群を一掃し敷地造成をしようとしていたところ、政府の意向で既存構造物のリノベーションによる活用が至上命令になったいきさつもあった。中国では中央政府の方針で常にポリシーが変化するが、本書で取り上げた事例の多くは、中国がそれまでの工業重視路線をソフト産業重視に方向転換した結果生まれたものであり、中国ではこれを「創意産業」と呼んでいる。つまりは、現在わが国の主要都市も標榜している創造都市（クリエイティブ・シティ）を目指すことを重視した結果生まれたトレンドである。このことに関しては大阪大学の李瑾氏の学位論文に詳しいので参照されたい*注。

一方、アジアのほかの都市についていえば、香港、マカオ、ジャカルタ、バンドン、ジョクジャカルタ、バリ、バンコク、チェンマイ、釜山、昌原などを訪れているが、本書では上海・杭州、北京、バンコクなどに話を絞った。バンコクは国立研究開発法人建築研究所の視察団に東京大学の松村秀一教授とともに加わり二〇一四年九月に訪問したが、その際この国の近代史を学び、まちの成り立ちについても認識を深めることができた。また滞在中は、私のハーバード時代のクラスメートで現在アーバンデザイナー協会副会長を務めているヴィチャイ・タントラディブドゥ氏にオリエンテーションを仰いだ。またバンコクの情報については、東京大学に学んだ現地建築家のポーンパット・シリクルラタナさんの協力を得た。

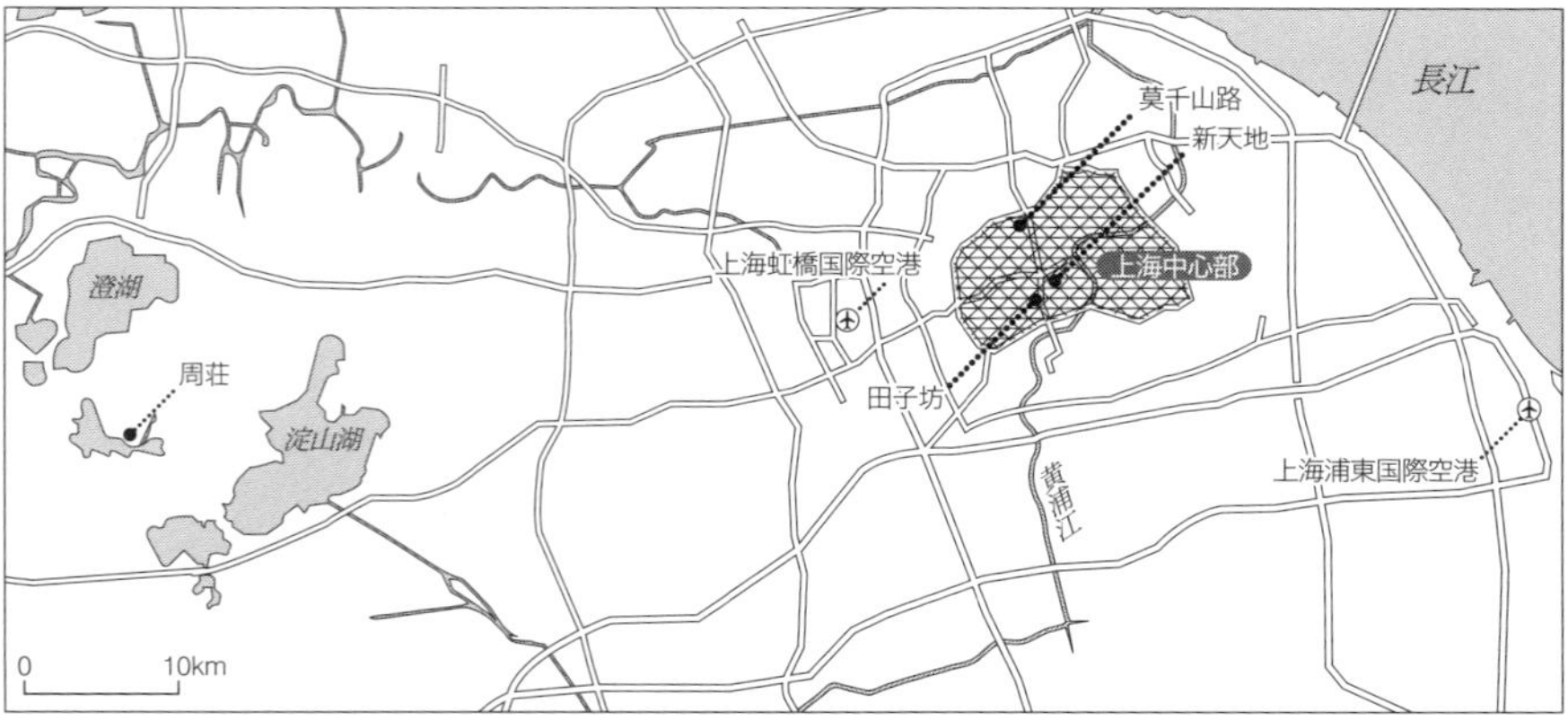

8・1 郷土の価値の再発見——周庄《ジョウジュアン》

長江下流部右岸に位置する江南地区は、古来道路よりも水路のネットワークを主たる交通路としており、蘇州・紹興・撫順などの水郷都市が栄えたが、その他にも無数の鎮と呼ばれる村落が点在しており、これらのなかには世界遺産に登録されているものが多数ある。なかでも名高いのが戸籍人口二万、外来人口二万、大学関係者七千の合計五万人弱の小さな鎮が周庄である。このまちには縦横に運河が流れ、そこにかかる石橋が一四カ所残っているが、なかでも有名なのが双橋で、アメリカ留学中の画家陳逸飛が故郷の橋を描いたその絵が石油会社のＣＥＯが持っていたギャラリーで一九八四年に展示され、オーナーがこの絵を買い取り、訪中の際、鄧小平に贈ったことから周庄の名は中国全土に知れ渡ることになったという。結果的に、大勢の芸術家やメディアがこの小さな町に突然押し寄せることになった（図８・１）。

当時中国では、郷鎮企業と呼ばれる地元中小企業育成のために古い建物を壊して新しい工場を作ることが一般的に奨励されていた。そのため周辺の鎮の多くは古い街並みを壊してしまったのであるが、周庄の鎮政府は一九八六年から同済大学の協力で建造物保存条例を制定し、歴史的建造物を観光資源として活用する道を選び、新しいものを望む住民の意

図 8•1 ——周庄の運河
同済大学と合同ワークショップをやっているカーディフ大学のグループと水郷巡り。

＊注　http://ir.library.osaka-u.ac.jp/dspace/bitstream/11094/26192/1/26328_%E8%AB%96%E6%96%87.pdf

見を抑え、街並み保存と復元の方向へ向かうことにしたのである。そして観光資源活用事業は、すべて鎮政府が設立した旅行会社が運営している。その業務内容は、域内飲食・宿泊・商業施設の出店審査および経営指導、広報、チケット、駐車場、直営商業施設運営管理である。このように、保存再生と活用を総合的に自治体が取り組んだ事例はあまりなく、多くは個別に事業が行われているケースが多い。

私は一九九四年にこのまちを訪れたが、すでに多くの観光客が訪れていた。しかし、陸上の交通路が整備されていないため、上海からのアクセスも非常に時間がかかった。バスの駐車場も整備されておらず田圃を埋めただけのような様相であったが、二〇〇八年に再訪した時点では周辺都市との道路網が整備され、歴史地区の周辺には、瓦葺きで景観に配慮した集合住宅群が整備され、経済発展の成果が歴然としていた。歴史地区の家屋のオーナーの七割は従来の住民であるが、その多くは自宅を賃貸し、自分たちは外側の集合住宅に住んでいるという。この地区の面積は約〇・四ヘクタールで民家数は約一千戸。そのうち六割は明、清、中華民国時代の建物である。それらの多くは前記のとおり修復され、店舗や観光施設に改修され、まちに大きな収入をもたらしている。これが、もし当初のように再開発され工場などに建て替えられていたら、現在のような活況を見ることはなかったであろう。

周庄は一一世紀北宋時代にこの地に周という高官がこの土地を全福寺という寺に寄進し荘園を設けたことから名づけられたが、さらに元代に江南の富豪沈祐・万三父子が移住して繁栄をきわめるようになった。彼ら豪商たちは、周辺農村の産物を集積して大消費地である都市部に送ることによって富を蓄えたのであるから、当然ながら輸送手段は水運であ

り、主交通路は運河であった。南船北馬という言葉が示すとおり、長江の南側、つまり江南地方では北部の馬車に代わって船が主要交通手段になったわけである。そして運河には当然ながら数多くの橋が架けられ、それが独特の景観を生みだしている（図8・2）。私が初めてここを訪れた二〇年前、中心部にある富安橋の四隅に橋楼が立ち、その軒に赤い提灯が揺れる景色を見て、まるで夢のなかのような気分を味わった。その景観は今も変わらないが、混雑は倍増している。しかし、観光客が帰った後の静けさのなかで見る静穏な風景はやはり無類のものがある（図8・3、4）。

ところで、危うく破壊されそうになったこのような地域の資源の価値を住民および政府に知らしめたのは、アメリカ在住の中国人画家であり、このような外部の視点で郷土の美を再認識させたアーティストたちの活躍は、この事例のあと中国内各地で相次いで出現することになった。なお、周庄は余りにも有名になりすぎてむしろ、その周辺にある同里《トンリー》や西塘《シートン》のような古鎮を好む人々も多い。同里には美しい庭園があり、優雅な雰囲気が楽しめるし、西塘は映画「ミッションインポッシブルⅢ」の舞台になった運河を縁取る長い歩廊が有名である。なお、朱家角や七宝などは上海に近く気軽に行ける。

図 8•2〈前頁右〉——**周庄でもっとも有名な富安橋**
たもとに4軒の茶館があり、運河を眺めながら茶を楽しむ。

図 8•3〈前頁左〉——**富安橋**
観光客が帰ると地元に平穏のひとときが訪れる。

図 8•4〈右〉——**周辺部の景観**
周辺部に建つ公営住宅も伝統的景観を配慮している。

8・2 庶民のまちをアートスペースに——田子坊《ティエンツーファン》

一八四二年、アヘン戦争でイギリスに敗れた清王朝は南京で、香港の割譲や上海を含む五港の開港を含む南京条約を結んだ。その後アメリカやフランスとも相次いで同様の条約が結ばれ、これらの港には治外法権をほぼ認められた租界という居住区が設定された。当時黄浦江沿いの小さな村であった上海は、経済活動が盛んになるにつれてにわかに大きな都市に発展し、とくに一九二〇年代以降、各地から流入する労働者たちの住居が大量に供給されるようになった。そのなかで、開発事業者たちがモデルにしたのがイギリスのタウンハウスで、日本流にいえばテラスハウスと呼ばれる長屋形式の集合住宅である。アクセスは長い路地で、その入り口に石の門の付いていたのが新天地に見るような石庫門《シークーメン》である。しかし、一般呼称としては里弄《リーロン》と呼ばれている。

一方富裕層のためには広い庭のある戸建住宅が提供され、これらは花園《ファユエン》住宅と呼ばれた。ところが、その後日中戦争が始まり欧米系の住民や企業が撤退するにつれてこれらの建物は空き家となり、日本軍の接収などを経て、最終的に共産党政権の支配するところとなった。しかし、のちに中国最大の都市に成長する過程にあって、これらの住宅は一つの住戸に数家族が同居する過密状態になって現在にいたっている。

現在多くの里弄地区は再開発され、高層化されているが、そのなかで奇跡的に残

され、上海の名所となったのが田子坊である。この地区は新天地と同じ盧湾区に立地し、面積三ヘクタールに里弄が立ち並んでいる。区政府はここを再開発することを決め、台湾のデベロッパーに事業を丸投げして、デベロッパーはここを更地にして高級分譲マンションを建設するスキームを立案した。そのままいけば、新天地と同様の開発がなされるはずであった。ところが地元の地区リーダーがここを芸術と文化の街として再生したいと考え、これに異を唱えた。企業に丸投げすることなく、まちのストックを活用し住民に利益をもたらすスキームがあると考え、上海市政府出身ながらカナダに移住した人物と手を組んで、当時から中国政府が奨励していた「創意産業」都市のモデルをここに作るという触れ込みで事業に取り組んだ。創意産業とは、クリエイティブな産業でまちの活性化を図るというポリシーで、世界的な広がりを見せてきた「創造都市」を目指す運動で、わが国でも横浜や神戸で関連事業が行われている。上海市もまた創造都市を目指していて二〇〇七年にかつての屠殺場を保存再生した「１９３３」という施設に創意産業センターを設置している。

田子坊で地元グループが最初に試みたのは、地区内にあった古い機械製造工場の廃屋を文化人のアトリエに改装する事業で、ここに周庄のプロジェクトのきっかけを作った画家の張逸飛氏が住みつくことで一挙に知名度が上がり、人民日報でも二〇〇四年に報じられ全国的に知られることになった。以後プロデューサーとして参画したカナダ系中国人は、古い住戸を借り上げ店舗に改造し、元の持ち主たちに家賃を払い、入居者に店舗改装費用を負担させる手法で事業を拡大していった。従来の住戸数は六〇〇戸であったが二〇〇八年時点でそのうち三分の二の住戸が店舗として転貸されている。店舗の入居条件は、外国人、外国在住経験者、女性という設定で、魅力ある文化的なイメージを作りだしていった

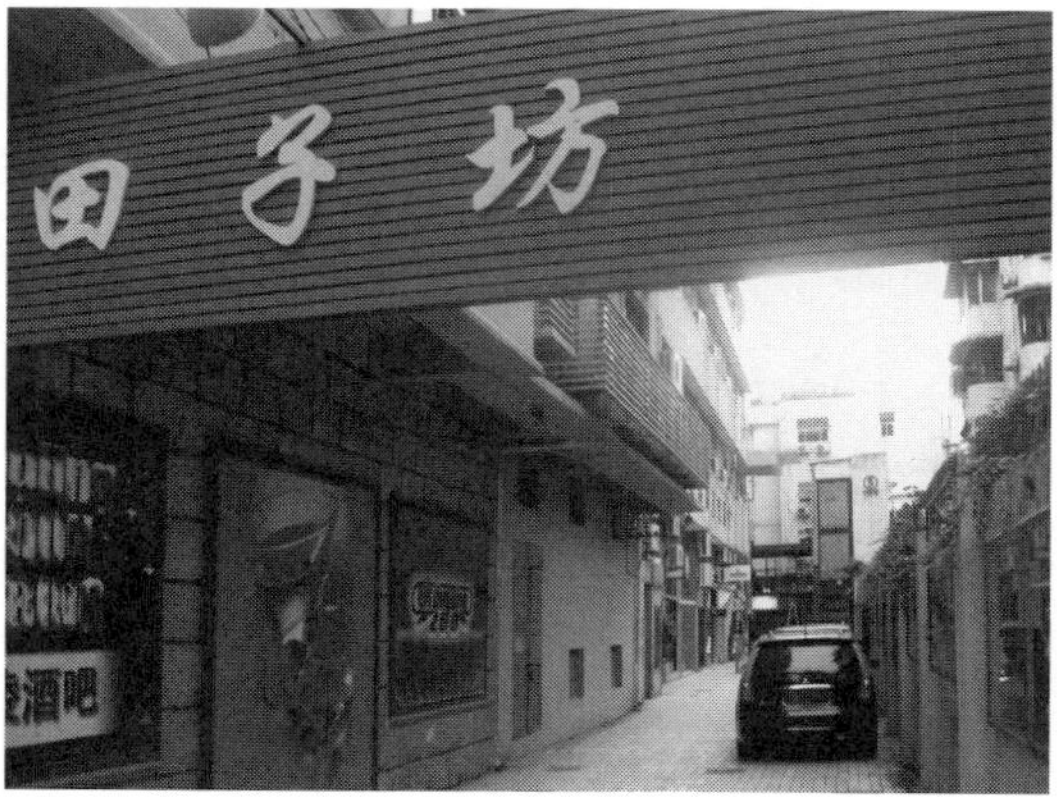

図 8・5 ——田子坊
一見薄汚い下町風だが、奥に入るとアートの世界が。その意外性が人を呼ぶ。

のである。当初再生事業の丸投げをもくろんでいた区政府も二〇〇八年にいたって正式に台湾企業との契約を白紙に戻し、住民主体で始まったこの事業が公認されるにいたった（図8・5、6）。

私は二〇〇七年にここを訪問し、従前からの住民たちが路地でトランプを楽しんだりしているかたわらに、ファッショナブルなブティックやカフェが点在する何とも言えないカオスの世界に、予定調和的な新天地の計画しつくされた商業的空間よりもはるかに魅力的な印象を持った（図8・7〜9）。

図8・6——入居者案内板
すべてアート関連。

図8・7〈上〉——路地
観光客と住民がひしめき合っている。

図8・8〈中〉——住民がなごむ風景
住民がトランプをしていた。実に日常的な風景がなごむ。

図8・9〈下〉——アートギャラリーが並ぶゾーン

8◎3 国家発祥の聖地——新天地《シンティエンディ》

石造りの低層建物が立ち並び、上海でももっともファッショナブルなこのまちの歴史は意味深い（図8・10）。一九二〇年代からこのあたりは石庫門《シークーメン》と呼ばれる石造の門のある塀に囲まれた外国人向けの里弄《リーロン》と呼ばれるタウンハウスが立ち並んでいた。しかしその後外国人たちが立退き、そのあとに一住戸を数家族で共有するような高密度で市民たちが住みつくようになった。やがてこのあたりを管轄する区政府は、この地区一帯を再開発地区に指定し、その開発事業の権利を香港のデベロッパー瑞安集団に売却した。この地区の中心部は一九二一年七月二三日中国共産党第一次全国代表会議が開かれた故地であり、いわば中国にとっての聖地である。区政府は世界経済の低迷による地価下落を懸念しながらも、この聖地のたたずまいを保全することを条件にしたため、このデベロッパーだけがその条件を受け入れて五〇年間の土地使用権を獲得したのである（図8・11、12）。

一方、デベロッパーは土地の利用率を高めるために高層化による開発を望むのが通例であるが、瑞安集団はこのファッショナブルなゾーンを見下ろすような形で周囲を高層マンションで取り囲み、その眺望を付加価値として高値販売に成功したのである。以後このように中心部にゆとりある低層高級住宅ゾーンを設け、周囲を高層棟で取り囲む手法が市内各地で定番となっている（図8・13）。

ところで、このような再開発事業においては住民の立ち退き交渉がネックになるが、この場合、当時住民一人当たり一五万円程度を提示したところ、わずか二カ月足らずで立

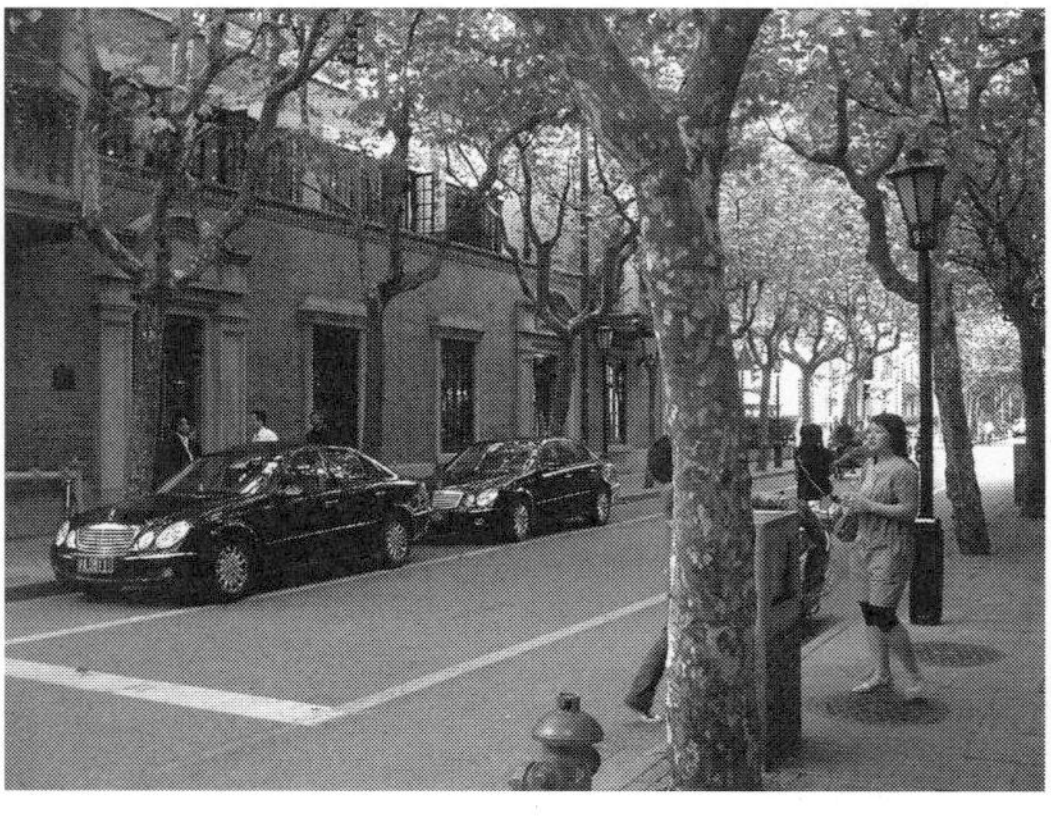

図 8・10 ——新天地
外部から見たところ立派なたたずまいである。田子坊とは対照的。

図 8・11〈中右〉——**石庫門の街並み**
周囲には高層マンションなどが建っているが、この一角だけは石庫門と呼ばれる格調高い伝統的スタイル。

図 8・12〈上〉——**店舗**
ここは中国建国の聖地なので、それなりの格式のある店が入っていて、相場は周辺の 10 倍近い。

図 8・13〈中左〉——**屋台**
屋台もそれなりに格式がある。

図 8・14〈左〉——**路地**
路地もレンガ造の建物で、どっしりとしている。

退きは完了したという。旧住民は現金給付か郊外住宅の現物給付を選べたようだ。

五〇年の土地利用権を買ったデベロッパーは固定資産税を払う必要はないが、開発にあたっては土地法という政府と企業の土地払下契約について規定した法律と、土地の用途を規定する都市計画法を守る必要があり、市のレベルでの審査を受けなければならない。

新天地一帯には高級感が漂っているため、物価は他の地区の数倍である。外国人にとって中国の物価は今でもかなり安く感じられるのであるが、ここはまったく別世界であることを知っておいたほうが安心である（図8・14）。

8・4　紡績工場跡をアートスペースに——M50

上海鉄道駅直近の蘇州江のほとり、莫干山《モーガンシャン》路五〇番地は略称M50と呼ばれ、元国営紡績工場の建屋をアートスペースにコンバージョンしたプロジェクトとして広く知られ、今では上海の観光名所の一つとなっているが、ここの歴史はなかなか興味深い。

一九三七年、周家が二万四千平方メートル弱のこの土地に綿花紡績・染色工場を設立したが、終戦後業態を羊毛紡績に変え存続を図ったものの経営は思わしくなく、一九九九年には操業を中止して、休業中の従業員の給与の支払いのため工場の一部を外部に賃貸するようになった。そのテナントのなかに高名な芸術家がいて、その口コミで他のアーティストたちもここに移ってくるようになってきた。ところが二〇〇二年に上海市経済委員会が市のポリシーに従ってここをハイテク産業地区に指定し、区政府はこの土地の開発権を現

図8•15 —— M50 外観
莫干山路からの外観は、いたって冴えない町工場といった風情である。

管理者の前身の会社に払い下げた。彼らはここを上海春明工業園区と名づけ活用しようしたものの、老朽化した施設が目的にふさわしくなく、挫折してしまった。二〇〇五年には国家的な創意産業育成のポリシーを反映して上海市政府によって第一次創意産業園区に指定され、上海M50創意産業園区と名づけられ現在にいたっている。むろんこの間、周囲には再開発によって高層住宅が立ち並ぶようになり、この地区にも再開発の圧力は高まるばかりであったが、入居者のアーティストたちは田子坊の保全責任者や同済大学などの協力を得て粘り強くその圧力をはねつけていったのである。そして二〇一一年現在、一二六のアート関連事業所が延べ床面積四万一千平方メートルの旧工場の古びた建物で活動している。その多くは床面積が一〇〇平方メートル以下のテナントであるが、天井が五メートル以上の高さのある空間の特徴を活かし中二階に設けているものも多い。当初は他業種のテナントも入っていたが、その後それらは転出していった。テナントたちは管理者と協力してイベントを行い、この地区の価値を高めていった。一方その副作用として、賃料の上昇により芸術家のインキュベーターとしての機能の低下が危惧されたが、管理者の柔軟な対応により活力は維持されている。

私が訪れた二〇〇八年に、この地区はすでにエスタブリッシュされた名所であったが、建物はかなり老朽化した工場の廃屋といった風情で、外観からはとてもその内容をうかがうことができなかった（図8・15、16）。しかしその細部を見ると洗練されたサイン類が各所に散りばめられていて、やはり特別の場所という雰囲気を演出しているのであった（図8・17、18）。また、無数にあるギャラリーの中を覗くと、かなりレベルの高い作品が展示されており、ネコや花の絵ばかりが並んだ日本で見慣れた低俗なギャラリーとは一線を画して

図8・16——表札
上海市の指定した特区であることを控えめに掲示してある。

図 8・17〈上〉——**ブリッジ**
工場内のブリッジを渡り別のギャラリーに移動することもできる。

図 8・18〈左〉——**カフェ**
入り口を入るとカフェが店を出しているが、客は少なかった。

図 8・19〈右〉——**ギャラリー**
元工場なので、天井が高くさまざまな模様替えが容易で、ニューヨークのソーホーのような雰囲気を作っている。

いる印象を持った（図8・19）。中にはカフェがあって軽い飲食ができるけれども、周囲の相場とはかけ離れた値段で、客の入りは良くないようだった。それでもこのようなスペースはこういう施設には必須であろう。上海ではこのような「創意産業園区」がM50と同時に指定されたが、これほど成功した事例は少ないということである。

8・5 まちづくりの廃材利用でプリツカー賞——杭州中国美術学院

上海の同済大学に滞在中、世話役の周静敏教授の手配で日本でもよく知られた観光都市杭州まで新幹線に一時間乗って向かった。案内は周さんの弟子でドイツ留学後杭州の中国美術学院の助手に採用された胡さんという女性で、すごく英語がうまい。このまちは上海と違って歴史が古く、紀元前三二〇〇年の良渚文化の時代から繁栄を続けて、現在では周辺地域を合わせて八〇〇万人の人口を擁している。都心部には高層ビルが建ち並び駅周辺からは歴史都市の面影はうかがえないが、有名な景勝地西湖の周辺には史跡も多く景観を保護する施策が取られている。

私はここにある中国最古の美術大学中国美術学院でレクチャーに呼ばれたのである。この大学はもと都心部にキャンパスを構えていたが、最近郊外の農村部にそのキャンパスを広げ、建築学部長の王樹《ワンシュー》氏にその設計をゆだねた。彼は上海の同済大学で学んだが、狷介な人柄が災いして母校とウマが合わず、この歴史ある美術大学に自分の王国を樹立した。

中国美術学院は辛亥革命後一九二八年中華民国政府によって設立された最古の国立芸術

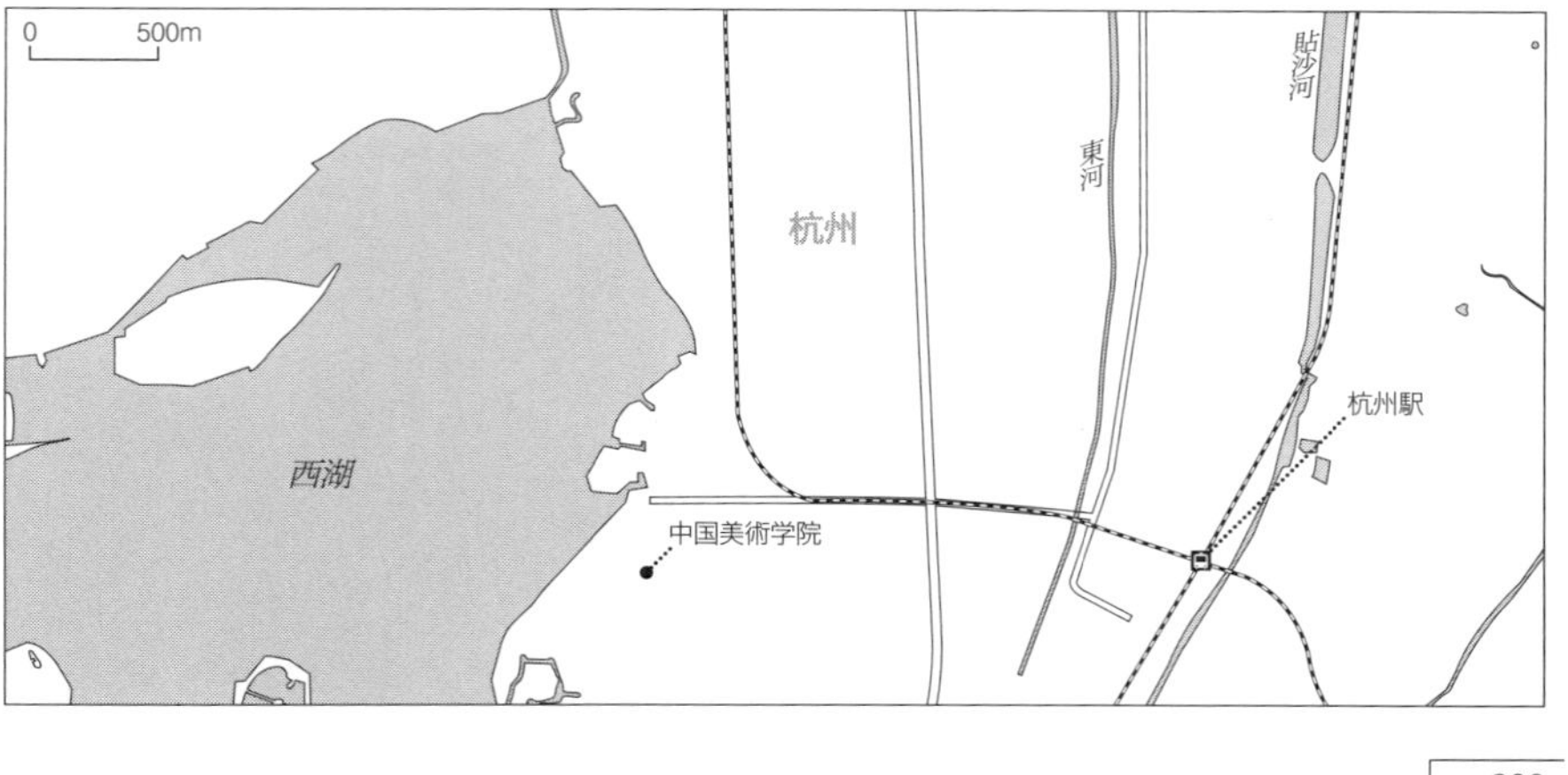

大学で、当時政府が南京にあったので近所の杭州に設立された。初代学長はパリでピカソなどと交友があった留学生で、革命政権がその革新性を評価して学長に据えた。しかし毛沢東の時代になると、その革新性が非難され、北京に保守的な学風の中央美術学院が設立され今にいたっている。

このキャンパスの建物は基本的に素朴な素材を使い、周囲になじむような表現をとっている。市内の再開発で壊された家屋の瓦やレンガ、敷石などを再利用して新しい表現を与えている（図8・20〜22）。新築とはいえ、かつての街並みを構成していた伝統的家屋の廃材を利用して新しい建物に利用するという発想は、ほとんど前例のないエコロジカルで新しい手法で、王樹氏はこれらの業績をたたえられて、のちにアメリカの名誉ある建築賞プリツカー賞を受賞した。

新キャンパスの敷地は以前農地だったところで、丘のふもとにあり川も流れており、きわめて牧歌的な雰囲気である。驚いたのは芝生の代わりに野菜が植えられていることで、これは工期が迫る中短期間に緑化する手段として採用されたという。作物の世話は土地を手放した農民が大学に職員として採用されている。敷地内にあった農家のいくつかはそのまま残され、改装されて上級教職員の住宅として使われている。

図8•20——図書館
瓦は、旧市街の再開発で廃棄されたものを再利用している。

そばにはやはり農家風のレストランがあり、素朴な料理が安く食べられる。学生は池や川で時に禁じられた魚を釣ってきて料理してもらうこともあるようだ。

建築学科の建物は吊屋根構造のお寺のような外観であるが、学部長は仏教徒らしく各所に瞑想にふける場所を設けている。中庭には石仏も置いてある（図8・23）。内部の建具のほとんどは無垢の木製でどっしりとしている。教育は徹底して手作りを重視していて、工具の使い方や模型の作り方などを初歩から教えている。模型は木製でNCカッターを利用してきわめて高度なものを作っている。学生作品の展示スペースも広く、全体にゆったりとしていて恵まれている。

校内では、建築学科の学生のラブストーリー映画の撮影がアメリカ人の監督のもとで行われていた。五時頃から校内の農家風食堂で食事。そのあと休息してから六時半より講演。三〇〇人ぐらいがひしめいて大入り満員。質問もあり反響が楽しめた。講堂も素朴な作りで、ベンチは木製で暖房の効きも悪かったが、コンクリート打ち放しと木の対比でよい感じであった。学生に結構追及されたじたじとなったが、正直なところ私のこれまでの作品にはあまり精神性がなかったことに気づかされ、ここへの訪問がその後の方向転換の契機となるにいたった。その後スタッフが車で市内キャンパスのなかの迎賓館まで送ってくれる。

翌朝は九時半に胡さんが迎えにきて、一緒に迎賓館のあるキャンパスを見学。設計は北京の大家ということで、この芸術院の元院長の友人ということで仕事を任されたということであった。キャンパス内に水が流れていたりしてなかなか良いデザインであるがいささか大げさである。このキャンパスに美術学部と学院本部、迎賓館、図書館、展示館などが

図8・21〈右〉――**校舎外観**
外壁にも廃棄されたレンガなどを再利用している。

図8・22〈次頁左〉――**校舎**
木や竹などの自然素材も使っている。

ある。そのあと、南山路を北に向かい西湖天地という一連の開発事業のサイトを見る。これは、上海の新天地と同じデベロッパーの事業で高級店が入っているが、客の入りは悪いそうだ。想定している客層が高すぎるのだ（図8・24）。さらに湖畔を進み、白堤を通って孤山という島へ向かう。ここには中国芸術院が最初に建てられたモニュメントが残っている。そこからさらに南へ向かうと、蘇堤《そてい》という長さ二・八キロの長い堤防に出る。ここを歩いて渡り、はじにある公園の中の有名なレストラン（味荘）で昼食。蓮根の前菜はイチゴジャムのソースがかかったもの、猫の耳の形をしたパスタの入ったスープ、ジュンサイのスープ、複雑な具の入った春巻きや蒸した魚など非常に洗練された料理を堪能した。

図8•23——構内に安置された仏像
熱心な仏教信者である王樹学部長の信念で、学生たちに精神性を学んでもらうためキャンパス内に仏像が安置されている。

　そこからタクシーに乗り当地の茶園で名高い龍《ロン》井《ジン》に向かう。タクシーを降りてその名の由来となった有名な泉を見て駐車場に戻ると、一人の男が熱心に話しかけてくる。茶園のオーナーで、熱心

に売り込む。そこで半分怪しみながらついて行くと、山の斜面の農家に着き、そこで違う品種の茶を試飲する。交渉して小さい葉を集めた五〇〇グラム四箱六八〇元の最高のものを一箱おまけにつけさせて五〇〇元に負けてもらった。それから彼の畑を見に行く。この村は周りを山に囲まれその斜面が一面の茶畑になっている。土壌の良し悪しがあるらしく、赤い土は適さないので住宅地にし、白い土のところを畑にしているそうだ。また不公平があるといけないので、共有地を分配した際には、土地の条件を勘案して組み合わせを考えたそうだ。品種改良にも熱心で、さまざまな茶樹を交配して試していると言っていた。茶農家は正直なところ豊かで、都会に出た子どもたちの工場が倒産したりしているなかで、やはり土地があるのは強いと言っていた。自分で耕して、育てて売るまでやっているので、熱心にやれば豊かになれるが、そうでない人は貧乏なままだという。農家はいずれも立派な作りで、わが国と比較にならない（図8・25）。

杭州は上海とは違い歴史が古く、長い間に培われてきた文化遺産が豊富で、美しい景観と美味しい料理で世界中の人々を魅了する競争力を持ったまちであることを痛感した。

8・6　軍需工場をアートのメッカへ——798芸術区

中国では一九五〇年代に第一次五カ年計画により、全国に主として重工業の工場が多数

図8・24——西湖天地
観光地西湖畔には、上海の新天地と同じデベロッパーがハイエンド対象のショッピング街を開発している。

図8・25——杭州の茶畑
有名な龍井茶の畑で生産販売を手掛ける農夫から説明を聞く案内の胡さん。農民は豊かである。

建設された。北京市北東部、都心と空港のちょうど中間に位置するところにあった798工場の前身の工場は東ドイツの技術援助により建設され、電子部品などの製造を行っていたとされるが、その実態は軍需工場であった。設計は東ドイツのデッサウにあった設計院の担当で、バウハウスの機能主義の精神を継承するスタイルでなされた。一九六四年、この工場の組織は解体され、そのなかに798工場が生まれた。二〇〇〇年には北京七星科学技術公司が設立され、近隣にある中央美術学院の学生などに対して工場の空きスペースを安い賃料で貸しだすようになり、さらに二〇〇一年に日本に留学していた高名なアーティストの黄鋭が帰国してここに入居するにいたって、この六〇万平方メートルを超す広いエリアは、今ではアートのテーマパークとして世界中に知られるようになった。しかし、かつては低家賃が売り物だったここも、今では普通の人の手が届かないところになってしまったために、周辺地域に次々に新しい芸術区が生まれている。ところで、本来国策工場であったここがアートスペースに変貌したのは、当時中国政府が「創意産業」によって都市開発を行うという重大な方向転換を行った結果である。

私は二〇〇九年の正月に周静敏教授に連れられて、彼女の実家のある北京に来て、彼女がかつて働いていた五洲設計院という軍事施設専門設計機関の宿泊所に泊まっていたのだが、そこのスタッフに案内されてここを訪れた。最初の印象はやはり武骨で、かつての軍需工場というイメージが少し恐ろしい気がしたが、慣れてしまえば戦前のドイツで流行したザッハリッヒカイト（即物主義）の伝統を継承しているのが目新しく、帰国して設計した住宅は思わずノコギリ

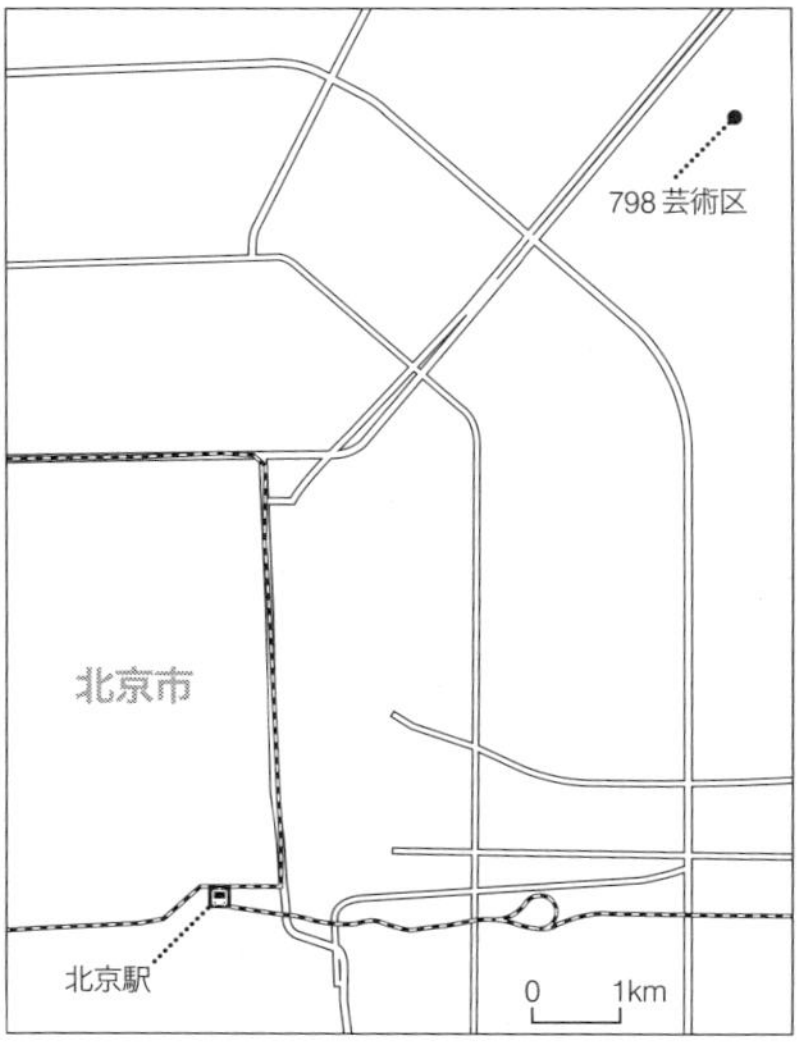

屋根にしてしまったほどである（図8・26〜28）。

敷地は塀に囲まれており、入り口は軍需工場時代のおもむきを遺して厳重な感じだけれども、今は自由に入れる。なにしろ広いのでかなり目的意識を持って訪問しないと、とても短い時間では全貌を知ることはむずかしい。中国では昔から書画骨董で室内を飾る習慣があり、マンションブームで購入された住戸の室内を飾るアート作品のニーズは旺盛だ。価格も手頃なものから巨大で高価なものまでさまざまなジャンルがあり、大勢の人々があれこれ品定めしながら歩いている。また、購入は一種のギャンブルであり、まだ無名の作家の作品が瞬く間に値が吊り上がることも多く、射幸心を掻き立てる。しかし、このような場所があることによってアーティストたちはチャンスをつかむことができるわけで、クリエイティブ・エコノミーを説いたアメリカの経済学者リチャード・フロリダの主張を裏づける事例と言えよう。北京はたんに政治だけの都市ではなく、クリエイティブ・シティでもあるのだ。

幾多のギャラリーはすべて旧工場の建物を改装したものであって、なかでも特徴的なのが採光のためにノコギリ屋根を載せた棟ではその高い天井とハイサイドライトの効果もあって理想的な展示空間となっている（図8・29）。さらに大きな彫刻作品などを展示するのは箱状の倉庫で、中には当時流行していた村上隆や奈良美智を真似たようなポップ作品が数多く並んでいた（図8・30）。私を案内してくれた若者はカメラに趣味があるそうで、写真のギャラリーに案内してくれたが、結構レベルの高い作品が多く、私も一枚プリントを買い込んだ。敷地の一隅には稼働中の工場もあり、煙突からは蒸気が噴き出して、脇には石炭で走る蒸気機関車も走っている（図8・31）。純粋にアートの最先端を見るつもりならば、

図8・31——稼働中の工場の蒸気機関車
工場内では石炭で動く蒸気機関車が現役で走っていた。

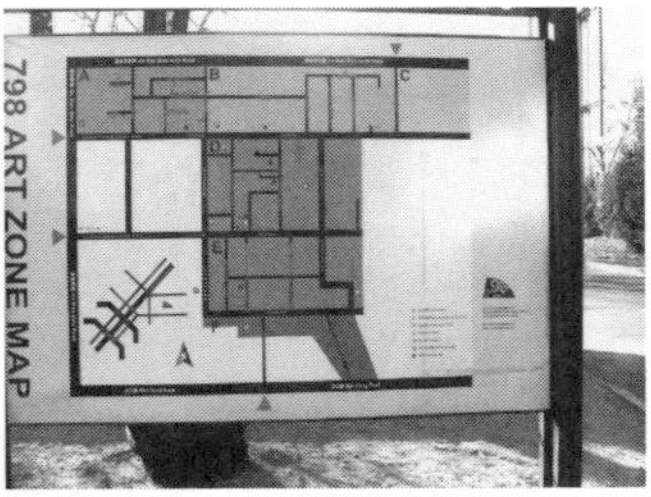

図 8･26〈上〉——**入り口付近の案内図**
アミのかかっている部分が芸術区だが、それ以外の部分は現在も操業中の工場。

図 8･27〈左〉——**ギャラリー**
使われなくなった竈をオブジェにしたりしている。

図 8･28〈右〉——**ギャラリー**
ノコギリ屋根やレンガの壁が良い感じを出している。

図 8･29〈下左〉——**ギャラリーの内部**
ノコギリ屋根の内部は素晴らしい展示空間になっている。

図 8･30〈下右〉——**倉庫内部**
大きな倉庫の内部には巨大なオブジェが展示されている。

より新しい芸術区のほうがレベルが高いかもしれないけれども、ここのザッハリッヒな建築群の魅力はよそでは味わえないだろう。

8・7　バンコクのニューウエーブ――ラチャダムヌン現代アートセンターなど

バンコクは人口八二〇万人を超え、都市圏人口は一四五〇万という大都市である。経済成長にともない都市化が進み、渋滞解消のため高速道路や公共交通手段の整備も急速に進んでいる。また人口の首都集中に対応して住宅建設も盛んに行われており、経済活動の発展に対応して業務用の高層ビルの建設も市内随所に見られる。また都心には、高層ホテルや附置義務があって大きな立体駐車場を備えたデパートを含む複合施設が建ち、大通り沿いにはショッピング・センター、家具センター、ホームセンターなども立ち並び、ほとんど日本と変わらないロードサイド風景が見られる。私が建築研究所の視察団に随行して訪れた二〇一四年秋には、一時大々的に報道された政治的騒乱もまったく見られず、世界観光都市のなかでしばしば一位にランキングされるこのまちは、世界中から押し寄せる観光客で賑わっていた。

　このまちの始まりは、チャオプラヤ川の東岸にラーマ一世が王宮を建てた一七八二年で、そこから東に向けて市街地が広がり今にいたっている。現在は近代化が進む一方、随所に旧来の交通手段であった舟運のための運河も残り、業種別に集積する市場も各所に散在し、非常に賑わっている。衣類市場、建材市場、骨董市場など無数の特色ある市場は郊外にも

広がり、周辺に交通渋滞を引き起こしている。このまちでは前述のとおり集合住宅やオフィスなどの新築工事が盛んに行われる一方、既存のストックをリノベーションして利用しようとする動きも少しずつ動き出しているようで、その三つの事例をここで紹介する。

英明な国王として国民から深く尊敬されていたラーマ五世は二〇世紀の初めヨーロッパ外遊から帰ってから、パリのシャンゼリゼー通りにならってチャオプラヤ川に近い二つの王宮を結ぶ道を造った。これが有名な観光スポットであるカオサン通り近くの見事な並木道のあるラチャダムヌン通りである（図8・32）。一九三二年、タイでは絶対君主制から立憲君主制にかわる立憲革命が起こって、首相となったプレーク・ピブーンソンクラーム元帥はこの道を「市民の通り」にするために、エコール・デ・ボザールに学んだ後、帰国して王室財産管理局に属していた若い建築家ジタセーン・アパイオンを起用してこの道の両側に一五棟の建物を建てた。これらの建物は当時世界的に流行していたアールデコ様式を援用した幾何学的でシンプルな構成で統一され、高さは三階一部四階建てに揃えられて、バンコクを代表するシンボリックな街並みを形成している。これらの建物は民主化を祝福するスタイルと言われる一方、当時の政府のナショナリズム政策から援用されたイタリアファシズム様式の影響下にあるという説もある。いずれにせよ、高層建築が乱立して整然とした街並みの少ないバンコクでは際立ったエリアである。

ここには民主記念塔が立ち、さまざまな国家的行事や政治的運動には欠かせない通りではあったが、沿道に建つショップ、レストラン、銀行、オフィス、塾、住宅などさまざまな用途で貸しだされていた建物はやがて老朽化していき、土地と建物の所有者である王室財産管理局は契約の切れたテナントとの更新をせず、改装の時期を待っていた。二〇一〇

図8•32 ——ラチャダムヌン通り
この通りはパリのシャンゼリゼーをモデルにしたという。右側にアートセンターが建つ。

年文化省芸術文化局はそのうち記念塔に面した、通りの南側に建つビルに着目し、三〇年の賃貸借契約を結び、これをタイのアートの実験場とするべく、コンテンポラリーアートセンターに改装するプロジェクトを発足させた。基本設計は芸術文化局に属する三人の若い建築家たちで、彼らは元政府派遣留学生であった。そのうちの一人が東大大学院に学んだポーンパット・シリクルラタナさんである（図8・33〜35）。

既存の建物は東西に長く、複数のテナントの入居を想定して五つの階段室が南側に突出していたが、その間のスペースにエレベーター、トイレ、機械室などが増築された。外観は現状維持を原則としたが、内部では固定荷重を減らすためにほとんどすべての天井と壁を撤去し、床もすべての仕上げを剥がした。また内部空間の使い方にフレキシビリティーを持たせるべく二階と三階の床を部分的に撤去し吹き抜けを設けている。こうして作りだされた空間は、絵画、映像、インスタレーション、パフォーマンス、建築、デザイン、ファッションなど幅広い活動と展示に使われている。ポーンパットさんに案内されて訪れた時はさまざまな世代の市民が大勢集まり、アート教室に参加したり、展示を見たりして、この巨大な建物を存分に使いこなしており、それを見るとアートをもっと市民にとって身近なものにしようという芸術文化局の願いは十分達成されているように感じられた（図8・36）。また、非常に洗練されたリノベーションのなされたインテリアは、あたかもイタリア・ファシスト建築の傑作のジュセッペ・テラーニの設計したカサ・デル・ファッシオの透明な内部空間を思わせる素晴らしいもので、おおいに感心したのだが、三人の設計者のうちの一人はやはりイタリア帰りということであった（図8・37）。

もう一つのリノベーション・プロジェクトはチャオプラヤ川沿いに立ち並ぶ倉庫をリノ

図8・38 ——アジアティック・ザ・リバーフロント

夜景を楽しむアーバンリゾートとしての新名所。（出典：http://highlightmag.net/2012/04/30/%E0%B8%87%E0%B8%B2%E0%B8%99%E0%B9%80%E0%B8%9B%E0%B8%B4%E0%B8%94%E0%B8%95%E0%B8%B1%E0%B8%A7-asiatique-the-riverfront/）

図8・35 ——ポーンパット・シリクルラタナさん

図 8•33〈上右〉——**ラチャダムヌン現代美術センター**
オフィスなどとして賃貸されていた王室のビルをアートセンターにリノベーションした。

図 8•34〈上左〉——**建物の端部の円筒**
夜はカラフルにライトアップされてランドマークとなっている。

図 8•37〈右〉——**ギャラリー**
現代アートのギャラリーのほか、特設ギャラリーでは若手建築家の作品展をやっていた。

図 8•36〈上〉——**吹き抜けホール**
内部には大きな吹き抜けホールが設けられ、アート講習会や、他のイベントが同時進行で行われていた。

ベーションした複合施設である。このゾーンは船のアクセスの良さから、かつては多くの倉庫が立ち並んでいたが、近年では開発が進み、高級ホテルや、マンションが立ち並ぶ。そんななかで、ラーマ五世時代にチーク材の輸出のためにデンマーク人が設立した東アジアティック会社の倉庫群を二〇一二年にリノベーションしてオープンした敷地面積五万平方メートルのアーバンリゾートがアジアティック・ザ・リバーフロントで、ここには巨大な倉庫をモチーフにした建物が立ち並び、ランドマークの観覧車が目立って多くの市民や観光客を集めている（図8・38）。ヴィチャイ・タントラティブドゥ氏がディナーの後に案内してくれたが生憎の豪雨に見舞われ、じっくり見ることができなかった。チャオプラヤ川の対岸にマンションを建てそこに住んでいるヴィチャイは対岸に住む奥さんに電話して、部屋の電気を点滅させて挨拶してくれた（図8・39）。

これとは対照的に、敷地面積六四〇〇平方メートルという比較的コンパクトな倉庫群のリノベーション・プロジェクトは、ポーンパットさんの友人ドゥアングリット・ブナン氏が開発し設計し所有しているジャム・ファクトリーである。

ここは、チャオプラヤ川の西側のミレニアム・ヒルトンホテルの隣りに位置しており、かつては懐中電灯、氷、薬品など四つの倉庫が立ち並んでいた。このうち二棟はブナン氏の事務所で使用し、一棟にはレストラン、もう一棟には書店、カフェ、家具ショウルームなどが入っている。倉庫群はギャラリーの入った細長い建物が結んでおり、倉庫の間にある大きな木の生えた芝生の中庭では、上映会やライブなどのイベントがよく開かれている。ここは二〇一四年にオープンし、バンコク中心部からすれば川向こうに当たるが、とくに若者たちの間で人気スポットになっているということである（図8・40）。

図8・39〈上〉——ヴィチャイ・タントラティブドゥさんと

図8・40〈右〉——ジャム・ファクトリー
建築家ドゥアングリット・ブナン氏が既存の倉庫群を改装して企画・開発・設計・運営を行っている。（提供：ポーンパット・シリクルラタナさん）

終章　レガシー・レジェンド・ストーリー

本書の執筆に先立ち、二年間にわたって世界のトップレベルの都市を駆け足で巡ってきて得た実感は、「世界は均一化が進んでいる」ということである。ビジネスのグローバル化に伴って、企業はその立地を常にモニタリングしてもっとも有利なポイントを目指して絶えず、動き回っている。彼らが最適な立地として選ぶクライテリアが平準化しているなかで、それに対応する都市側の対応も均一化していかざるを得ないのである。

現在好立地として評価される都市の多くは、かつて没落して人口減少や中心部の荒廃をかこっていた過去がある。マンチェスターはそのよい例で、このまちは一八世紀にいち早く産業革命を起こし、一九世紀に繊維産業で圧倒的な地位を占めるに至り、さらに自動車産業でも優位を保っていた。しかし、二〇世紀に入るころからイギリス経済自体がアメリカの後塵を拝するようになり、有力な企業は続々とほかの地域あるいは国へ、主たる拠点を移していったのである。結果として多くの失業者が生まれ、犯罪率が高まり、まちの荒廃がさらに進むという恐るべき負のスパイラルがこのまちを襲う。ところが、二〇世紀の末ごろから新しいファッション産業が生まれたりして、ＢＢＣ報道部門のロンドンからの転入をきっかけにメディア産業が拠点を作るなどの動きが始まり、このブラックホールからの脱出の兆しが見えてきた(図1)。

現在絶好調のニューヨークも最近まで二回にわたって財政破たんをきたしていたし、一九世紀に製鉄業の隆盛で急成長しその後わが世の春を謳歌していたピッツバーグは、世界的競争力が失われ、その行き過ぎた市民迎合政策により財政破綻し、悲惨な状態に陥ったものの、その後奇跡的な復活を遂げて、二〇〇九年にはG20の会場にもなった。かつて自動車産業のメッカであったが、ついに財政破綻して有名になったデトロイトも音楽産業などの流入を得て、新しい形で復活しているニュースが聞こえてくる。

このような都市の再生方法に対して、多くの論者がさまざまな分析を与えており、それぞれにネーミングが行われてきた。その中でももっとも定着したのは、「コンパクトシティ」や「サステイナブルシティ」であろう。この件に関して私は前著『まちづくりの新潮流』で詳述したのでここでは繰り返さないが、二〇世紀のまちづくりのモデルとなった「ガーデンシティ」は田園都市と邦訳され、わが国のまちづくりのモデルとなった。

今世紀に入ると、新しいトレンドとして「クリエイティブ・シティ」がアメリカの経済学者リチャード・フロリダによって唱えられ、今やユネスコも後押しする世界的な運動となっている。つまり生産に力点を置いたそれまでの産業都市に対して、新しいビジネスを生み出す創造に力点をおいたまちづくりが世界中に広がっているのである。また、まちの中の歩きやすさの度合いが高いほど住民の所得が高いという統計資料も現れるなか、アメリカの都市計画家ジェフ・クリークは「ウォーカブル・シティ」という概念を提唱してTEDの番組にも登場している。

一方、食文化の視点からスタートしてエコロジカルなライフスタイルを提唱する「スローシティ」は、イタリアのスローフード運動から生まれた。私は鹿児島大学の同僚の徳田光弘九州工業大学准教授と共著した『地域づくりの新潮流』で、これについて詳述した(図2)。エコロジカルという点ではもっと直截的に、エコシティを標榜する都市は無数にあり、わが国では一九九三年に当時の建設省(現国土交通省)が「環境共生都市＝エコシティ」を提唱した。これはサステイナブルシティと同義語であり、今はほとんど耳にすることがない。それに代わって最近流行し出したのが「スマートシティ」で、わが国では千葉県柏市の柏の葉スマートシティが先行している。「スマート」とは「高効率」を意味する用語で、柏では域内エネルギーのスマートグリッド化を目指している。しかし、他にも北九州市、豊田市、けいはんな学研都市、横浜市なども経済産業省の主導のもとＪＰＳＣという団体を結成し実証実験を始めた。本書で取り上げたバルセロナ郊外のサンクガート市もスマートシティを目指している。

このような動きは遅かれ早かれ、世界中の都市に広まり、世界都市の平準化が必然的に生まれ、冒頭に述べたような均一化が進行することになる。つまり世界中の都市はますますウォーカブルになり、サステイナブルになり、クリエイティブになり、スマートになって行く挙句、個性が薄れ、結果的にここの都市の個性を際立たせないかぎりその競争力を維持できなくなる恐れがある。

そこで、二一世紀に入った諸都市が期せずして着目したのが、自らの歴史のもたらした遺産つまり「レガシー」の価値である。そしてそのレガシーに現代的な機能を与えるリノベーションを加えて活用することによって、他の都市では得られないインパクトを与える

図1〈前頁〉——**マンチェスター・キャッスルフィールド地区**
この地区から西北方面に新しい開発が進行している。

ことこそが都市の価値を上げるもっとも有効な戦略と見なされる。

かつて注目されたレガシーは、教会、寺院、記念碑などのモニュメントであったが、これらはポイントであって、現代的用途に追随しにくい。その意味で注目されるのは、駅舎、倉庫、市場、高架線、運河、埠頭、工場などの都市インフラで、これらによって生まれる独特な空間体験は多くの人々に記憶に残る印象を与え、惹きつけるのである。そしてその際非常に重要なのは、その場所にまつわる伝説、つまり「レジェンド」を付加することである。都市空間はある意味で都市伝説の宝庫である。多くの場合それは忘れ去られているかもしれないが、掘り起こせばいくらでも伝説は見つかるのである。とりわけ、ヨーロッパの諸都市は重層的な歴史遺産の上に形成されており、こういうレジェンドは一見何の変哲もないレンガ造の倉庫を宝物にする秘密のキーになるのである。たとえばフランスのジョングレーズ出版社は『秘密のパリ』や『秘密のロンドン』など世界各都市のこういう秘密を暴くシリーズを出している。

そのような設定のうえに完成されたリノベーションプロジェクトを成功に導くのは上記レガシーとレジェンドの質の高さであるが、何よりも大事なのは全体のスキームを統合する「ストーリー」の魅力であろう。リノベーションプロジェクトとは、一つのロールプレイングゲームあるいはスペースオペラを組み立てるのと同様なプロセスを経て遂行されるものであり、当然ながら同様なプロデューサーシステムが要求され、脚本家が呼び込まれるのである。私たちが本書の中で訪れたプロジェクトのすべては、そのような優れたクリエーターたちによって生み出された魅力的な事例ばかりであると確信する。

私が主宰する一般社団法人HEAD研究会からスピンアウトしたリノベーションによる

図2〈左〉——イタリアのグレーベ・イン・キアンティ
フィレンツェからシエナに向かう幹線沿いの小さな町だが、世界初のスローシティとなった。チンタ・デ・セネーゼという独特の生ハムで名高く、世界中から注文が殺到する。

図3〈次頁〉——リノベスクール

まちづくりの手法を学ぶリノベスクールという集中セミナー方式は、二〇一四年度都市住宅学会業績賞を受賞したまちづくりの教育システムであるが、そのセミナーの冒頭に参加者たちが求められるのは、その対象となるまちの「宝探し」である。まちには宝が無尽蔵に埋もれているのである(図3)。読者はぜひ本書を携えて世界に向けて宝探しの旅に出られることをおすすめしたい。

あとがき

「はしがき」にも書いたとおり、本書は松永が主宰する一般社団法人ＨＥＡＤ研究会の活動の一環として二〇一三年に行ったドイツ・オランダ・リノベーションツアーの成果をもとに、二〇一四年松永自身が行ったフランス・スペイン・イギリス調査を加え、それ以前に滞在した中国の事例をまとめたものである。そして最後に、現在進行中の東アジア調査の最初の事例としてバンコクを取り上げている。この調査は今後継続する予定である。漆原はイギリスの調査と執筆を担当した。

これら調査には現地の協力者が不可欠である。ドイツではライプチッヒの「日本の家」の主宰者ミンクス典子さんと大谷悠さん、オランダではアムステルダムの建築家吉良森子さんと当時ロッテルダムにおられた建築家の渡邊英里子さん、パリでは建築家のフレデリック・ドルオーさんの事務所、同じく建築家の高松千織さん、バルセロナでは建築家の鈴木裕一さん、イギリスではアーバン・スプラッシュ社、キンググス・クロス開発会社の協力を得た。ニューヨークではハーバード同級生アレックス・チューさん、シアトルでは松永の事務所の元パートナー高俊民さん、中国では同済大学の周静敏教授、バンコクではハーバードの同級生ヴィチャイ・タントラティブドゥさんと建築家のポーンパット・シリクルラタナさんのお世話になった。むろんこれ以外にも現地で取材に応じてくださった方々も無数にあるが、ここでそれを網羅することはできない。

ＨＥＡＤツアーについては、コーディネーションを会員の村島正彦さんと新堀学さんが中心となって行い、長屋博常任理事、リノベーション・タスクフォースの大島芳彦委員長、不動産管理タスクフォースの西島昭委員長、この分野の専門家深尾精一首都大学東京名誉教授、倉方俊輔大阪市立大学准教授ほかのメンバーが加わり、検討の結果実施にいたった。また、学生事務局から工学院大学の石井千歳さんが随行した。法人メンバーとしては株式会社リビタと株式会社市萬の社員が参加した。

文中の写真その他は、特記のない場合は著者たちの提供である。出版に当たっては学芸出版社の前田裕資社長の絶大なる協力を得た。深く感謝します。

著者代表　松永安光

►参考図書・ホームページ情報

●はしがき

○リノベーションについての参考図書

・松永安光『まちづくりの新潮流』彰国社、2005 年

・松永安光・徳田光弘『地域づくりの新潮流』彰国社、2007 年

・松村秀一『団地再生』彰国社、2001 年

●1 章

○ニューヨーク市の情報

http://www1.nyc.gov/

○ニューヨークについての参考文献

Nathan Silver, '*Lost New York*', Weathervane Books, 1967

National Trust for Historic Preservation, '*America's Forgotten Architecture*', Pantheon Books, 1976

James Roman, '*Chronicles of Old New York*', Museyon, 2014

T. M. Rives, '*Secret New York*', Jon Glez, 2014

1・1 節

○ワールド・トレード・センターの情報

http://www.wtc.com/

○ハドソン・リバー・パークの情報

http://www.hudsonriverpark.org/

1・2 節

○ハイラインの情報

http://www.thehighline.org/

○ハイラインの参考図書

http://www.amazon.com/On-High-Line-Exploring-Americas/dp/0500291411

○チェルシー・マーケットの情報

http://www.chelseamarket.com/

○ハイライン北端のプロジェクト情報

http://www.amny.com/real-estate/hudson-yards-developers-give-update-on-project-1.9111117

1・3 節

○エースホテルの情報

http://www2.acehotel.com/ja/brochures/newyork/

○ヴァルベッラの情報

http://www.valbellarestaurants.com/

○グランド・セントラル駅の情報

http://manhattan.about.com/od/historyandland-marks/a/grandcentral.htm

1・4 節

○サウス・ストリート・シーポートの情報

http://southstreetseaportmuseum.org/

1・5 節

○ウィリアムズバーグの情報

http://wwwooklynnow.com/williamsburg/map.html

○ワイスホテルの情報

http://wythehotel.com/

○ブルックリン・ボウルの情報

http://wwwooklynbowl.com/

http://bkbazaar.com/

○アウトプットの情報

http://outputclub.com/

○ブッシュウィック入江公園のスタンドの情報

http://www.nycgovparks.org/parks/bushwick-inlet-park

○ブルックリンの各地区とマンハッタンを結ぶフェリーボート

http://www.eastriverferry.com/

1・6 節

○ブルックリン・ハイツの情報

http://www.thebha.org/about-the-neighborhood/history/

○ニューヨークの BID に関する情報

http://www.nycbidassociation.org/

○モンターギュ BID に関する情報

http://montaguebid.com/

○ブルックリンの地元ガイドブック

http://www.amazon.com/Weekend-Walks-Brooklyn-Self-Guided-Walking/dp/0881508063

●2 章

○ワシントン州の情報

http://access.wa.gov/

○オレゴン州の情報

http://www.oregon.gov/Pages/index.aspx

○カリフォルニア州の情報

http://www.ca.gov/

2・1 節

○シアトル市の情報

http://www.seattle.gov/

〇シアトルの建築案内書
Maureen R. Elenga, '*Seattle Architecture*', Seattle Architecture Foundation, 2007
〇シトカ・アンド・スプルースの情報
http://www.sitkaandspruce.com/
〇パイク・マーケット・プレイスの情報
http://www.pikeplacemarket.org/
〇エリオット・オイスター・ハウスの情報
http://www.elliottsoysterhouse.com/about/
2・2節
〇ポートランド市の情報
http://www.portlandoregon.gov/
〇パール地区の情報
http://explorethepearl.com/
〇ボルトバスの情報とチケット発券
https://www.boltbus.com/
〇ポートランド市パール地区についての参考図書
・吹田良平『グリーン・ネイバフッド』繊研新聞社、2010年
2・3節
〇フィッシャーマンズ・ワーフの情報
http://www.visitfishermanswharf.com/listcats/130
〇ギラデリー・スクエアの情報
http://www.ghirardellisq.com/
〇キャナリーの情報
http://sanfranciscohistory.blogspot.jp/2011/03/cannery.html
〇サンフランシスコについての歴史参考書
Rand Richards, '*Historic San Francisco*', Heritage House Publishers, 2011
2・4節
〇フェリー・ビルディング・マーケットプレースの情報
http://www.ferrybuildingmarketplace.com/
2・5節
〇グルメゲットーの情報
http://www.gourmetghetto.org
〇シェ・パニース
http://www.chezpanisse.com/reservations/

●3章
3・2節
〇キングス・クロス開発主体による開発全体を紹介するウェブサイト
http://www.kingscross.co.uk
3・4節
〇国立サーカス芸術センターの情報
https://www.nationalcircus.org.uk/venue-hire/energy-centre-and-creation-studio/creative-business-units
〇ショアディッチ・ワークスの情報
https://www.facebook.com/shoreditchworks
3・5節
〇アーバン・スプラッシュのホームページ
http://www.urbansplash.co.uk
3・6節
〇スタジオ・イグレット・ウエストのホームページ
http://egretwest.com/
〇ホーキンス・ブラウンのホームページ
http://www.hawkinsbrown.com
〇アーバン・スプラッシュによるパークヒル開発の紹介ページ
http://www.urbansplash.co.uk/residential/park-hill
3・7節
〇オルトン団地の情報
http://modernarchitecturelondon.com/buildings/alton-west.php

●4章
〇パリについての参考図書
・鳥海基樹『オーダー・メイドの街づくり』学芸出版社、2004年
・北河大次郎『近代都市パリの誕生』河出書房新社、2010年
・ロラン・ドゥィッチ(高井道夫訳)『パリ歴史散歩・メトロにのって』2012年
4・1節
〇トゥール・ボワ・ル・プレートルについての情報
http://www.dezeen.com/2013/04/16/tour-bois-le-pretre-by-frederic-druot-anne-lacaton-and-jean-philippe-vassal/
〇ドルオーの作品集
http://wd.ggili.com/en/search/products?search=frederic+druot
4・2節
〇モンマルトルについての参考図書
・鹿島茂『モンマルトル風俗辞典』白水社、2009年
4・3節
〇104(サン・キャットル)の情報
http://www.104.fr/english/

○104 サン・キャットル）についての参考文献
Christine Desmoulins, *'Le 104'*, AAM Editions, Bruxelles, 2009

4・4 節

○アル・パジョルの情報
http://www.paris.fr/accueil/urbanisme/la-halle-pajol-prend-vie/rub_9650_actu_137189_port_23751

○アル・パジョルについての参考文献
Margot Guislain, *'La Rehabilitation de la Halle Pajol', Archibooks',* Paris, 2014

○ユースホステルの情報
https://www.hihostels.com/hostels/paris-yves-robert

4・5 節

○キャロー・デュ・タンプルの情報
http://www.carreaudutemple.eu/

○グルメ街ラ・ジュヌ・リューの情報
http://online.wsj.com/news/articles/SB100014240527023042502045794334904114890 78
https://www.facebook.com/LaJeuneRue-Officiel?fref=ts

4・6 節

○ヴィアデュック・デ・ザールの情報
http://www.leviaducdesarts.com/

○プティト・サンチュールの情報
http://www.paris.fr/accueil/paris-mag/un-nouveau-troncon-de-petite-ceinture-ouvre-au-public/rub_9683_actu_134340_port_23863

● 5 章

○デッサウ・バウハウスの情報
http://www.bauhaus-dessau.de/english/home.html

○ドイツ連邦環境省庁舎の情報
http://www.bmub.bund.de/en/

5・1 節

○ベルリン・ジードルンクについての参考文献
http://www.amazon.co.jp/Housing-Estates-Berlin-Modern-Style/dp/3422021000

○ベルリン・ジードルンクの情報
http://www.unesco.de/berliner-siedlungen.html

5・2 節

○日本の家のホームページ
http://djh-leipzig.de/ja/

○ライプツィヒについての参考文献・論文
・大谷悠「縮小都市ライプツィヒの地域再生」『季刊まちづくり』38 号、学芸出版社、2013 年
・大谷悠「空き地の再生とライプツィヒの自由」『季刊まちづくり』39 号、学芸出版社、2013 年

● 6 章

○ロイドホテルのホームページ
http://www.lloydhotel.com/

6・2 節

○リンゴット社のホームページ
http://www.lingotto.nl/english-summary/

6・3 節

○オラフ・ボスワイク氏のインタビュー
http://subclub.co.uk/late-night-chat-with-trouws-olaf-boswijk/

○トロウのホームページ
http://www.trouwamsterdam.nl/en/

6・4 節

○ロイドクォーターの情報
http://www.lloydkwartier.rotterdam.nl/

6・5 節

○ファン・ネレ工場のホームページ
http://www.vannellefabriek.com/en-us/

○ユストゥ団地の情報
http://www.molenaarenco.nl/project/justus-van-effen-rotterdam/

○カバレロのホームページ
http://www.caballerofabriek.nl/

● 7 章

○バルセロナについての参考文献
・阿部大輔『バルセロナ旧市街の再生戦略』学芸出版社、2009 年
・阿部大輔「バルセロナ」『季刊まちづくり』41 号、学芸出版社、2014 年

○日本におけるファブ・ラボの情報
http://fablabjapan.org/

7・1 節

○バルセロナ現代美術館の情報
http://www.macba.cat/

○カタロニア州立図書館の情報
http://www.bnc.cat/esl

○バルセロナ現代文化センターの情報
www.cccb.org

7・2節

○ボルンの情報
http://elborncentrecultural.bcn.cat/en

○ボルンについての参考文献
'*El Born CC*', Ajuntament de Barcelona, 2013

○ボルン・カルチャー・センター(旧ボルン市場)の情報
http://elborncentrecultural.bcn.cat/es

7・3節

○ IAAC (Institute for Advanced Architecture of Catalonia) の情報
http://www.iaac.net/

○ファブ・ラボの情報の情報
http://fab.cba.mit.edu/

○バルセロナデザインカレッジ (BAU) の情報
http://www.baued.es/

7・4節

○モンサン地方の情報
http://domontsant.com/

○ガンデサ醸造所のホームページ
http://www.coopgamdesa.com/en

○エル・セレール・デ・ラスピックのホームページ
http://www.cellerdelaspic.com/en/

○ラファエル・ガスタヴィーノについての参考文献
http://www.amazon.co.jp/John-Allen-Ochsendorf/e/B003TSYISU

●8章

8・3節

○新天地の情報
http://www.shanghaixintiandi.com/xintiandi/en/index.asp

8・5節

○杭州美術学院のホームページ
http://eng.caa.edu.cn/

8・7節

○ラチャダムヌン現代美術センターのフェースブックサイト
https://www.facebook.com/Ratchadamnone

○アジアティック・ザ・リバーフロントのホームページ
http://www.thaiasiatique.com/index.php/en

○ジャム・ファクトリーのホームページ
http://wisont.wordpress.com/2014/03/24/the-jam-factory-the-never-ending-summer-dbalp/

●終章

○クリエイティブ・シティについての参考文献
・リチャード・フロリダ(井口典夫訳)『新クリエイティブ資本論』ダイアモンド社、2014年

○ウォーカブル・シティについての講演
http://www.ted.com/talks/jeff_speck_the_walkable_city?language=ja

○日本におけるスマートシティへの取り組み
http://www.smartcity-planning.co.jp/index.html
http://jscp.nepc.or.jp/
http://www.city.yokohama.lg.jp/ondan/yscp/

○都市伝説シリーズ
http://www.jonglezpublishing.com/en/

(以上のURLは2015年4月現在のものである)

●著者略歴

松永安光（まつなが・やすみつ）
一般社団法人HEAD研究会理事長／近代建築研究所主宰
一九四一年生まれ。東京大学工学部卒業、ハーバード大学デザイン大学院修了。芦原建築事務所を経てSKM設計計画事務所を共同主宰。
鹿児島大学教授を経て現職。新日本建築家協会新人賞、建築学会作品賞、都市住宅学会賞受賞。
主な著書に、『まちづくりの新潮流』『地域づくりの新潮流』『建築入門〜世界名作の旅100』（以上、彰国社）など。

漆原　弘（うるしばら・ひろし）
一九九〇年早稲田大学建築学科大学院修士課程修了後、SKM設計計画事務所／近代建築研究所勤務。
一九九五年より、英国ヨーク大学博士課程で集合住宅デザインの研究を行い、博士号取得。その後は英国、アイルランドで、学校など教育施設の設計を主に担当。同時に、住宅デザイン、住宅政策、アーバン・デザインなどの研究活動も行い、論文の発表、翻訳などを続ける。建築学博士、一級建築士、英国政府登録建築家、英国王立建築家協会会員。

リノベーションの新潮流
レガシー・レジェンド・ストーリー

二〇一五年五月二〇日　第一版第一刷発行

著　者　松永安光・漆原　弘
発行者　前田裕資
発行所　株式会社学芸出版社
〒六〇〇−八二一六
京都市下京区木津屋橋通西洞院東入
電話　〇七五−三四三−〇八一一

装　丁……上野かおる
印　刷……イチダ写真製版
製　本……新生製本

ISBN978-4-7615-2597-2　Printed in Japan